高等职业教育电子信息类专业系列教材
基于工作过程的单片机课程改革教材

智能电子产品设计与制作
——单片机技术应用项目教程

主编　刘　娟

参编　程　莉　廖银萍　梁卫文

主审　赵玉林

机械工业出版社

本教材涵盖了 5 个项目，以 51 系列单片机开发应用为主线，介绍了单片机的并行输入/输出端口、定时器/计数器、中断和串行口的应用，同时还介绍了汇编语言指令及程序设计方法，着重介绍了项目设计的实施方案和实施过程，同时在项目实施的过程中还介绍了 Keil 和 PROTUES 软件的使用。

　　本教材是一本基于工作过程的单片机课程改革配套教材，教材内容、结构新颖，具有创新性。教材中以项目驱动教学，项目设置比较严谨，项目中用到的知识由易到难，项目中包含的任务由简单到复杂，做到由浅入深、循序渐进。

　　本教材可作为全日制高职高专院校电子、电气、自动化等专业的教材，同时也可作为社会培训的培训教材、本科学生及工程技术人员的参考书。

　　为方便教学，本书有电子课件、巩固提高练习答案等教学资源，凡选用本教材作为授课教材的学校，均可通过电话（010-88379564）或 QQ（2314073523）索取，有任何技术问题也可通过以上方式联系。

图书在版编目（CIP）数据

　　智能电子产品设计与制作：单片机技术应用项目教程/刘娟主编. —北京：机械工业出版社，2011.8（2024.8 重印）

　　高等职业教育电子信息类专业系列教材. 基于工作过程的单片机课程改革教材

　　ISBN 978-7-111-35076-7

　　Ⅰ.①智… Ⅱ.①刘… Ⅲ.①单片微型计算机-应用-电子产品-智能设计-高等职业教育-教材 Ⅳ.①TN02-39

　　中国版本图书馆 CIP 数据核字（2011）第 164451 号

机械工业出版社（北京市百万庄大街 22 号 邮政编码 100037）
策划编辑：曲世海　责任编辑：曲世海　曹雪伟　张利萍
版式设计：霍永明　责任校对：陈延翔
封面设计：赵颖喆　责任印制：刘　媛
涿州市般润文化传播有限公司印刷
2024 年 8 月第 1 版第 9 次印刷
184mm×260mm · 12 印张 · 293 千字
标准书号：ISBN 978-7-111-35076-7
定价：37.00 元

电话服务　　　　　　　　　网络服务
客服电话：010-88361066　　机 工 官 网：www.cmpbook.com
　　　　　010-88379833　　机 工 官 博：weibo.com/cmp1952
　　　　　010-68326294　　金 书 网：www.golden-book.com
封底无防伪标均为盗版　　　机工教育服务网：www.cmpedu.com

前　言

本教材总体设计思路是：引入"项目导向"、"工作过程"、"任务驱动"的理念，重构教学体系，在每个项目的设计中都明确工作任务，让学生的学习过程变成一种完成一个个项目的工作过程，紧紧围绕完成项目的需要来选择课程内容，变知识学科本位为职业能力本位，打破传统的学科型课程目标，从"项目与任务操作能力"分析出发，设定教学目标；变书本知识的传授为动手能力的培养，打破传统知识传授方式的框架，以"项目"为主线，设置工作任务，紧密结合职业资格证书考证（高级工、技师）中对单片机应用技能的要求，确定本课程的项目及任务模块和内容。

为了充分体现"项目导向"、"工作过程"、"任务驱动"、"实践导向"的一体化课程的思想，将本课程的教学活动分解设计成若干项目，以项目为单位组织教学，并把项目设计为若干任务模块，以单片机各内部资源为载体，逐步展开实施，具体项目如下：

项目	项目名称	项目设计目的
项目1	单片机最小系统的设计与制作	旨在引导学生以单片机为核心，以I/O接口为桥梁，连接单片机与外部设备并对其进行编程控制
项目2	霹雳灯的设计与制作	旨在让学生学会单片机内部资源的输入/输出功能、传送类指令及转移类指令的应用
项目3	自动计数报警器的设计与制作	旨在让学生学会单片机的定时器/计数器功能及算术类指令和伪指令的应用
项目4	自动演奏简易电子琴的设计与制作	旨在让学生学会单片机的中断功能应用
项目5	单片机双机通信的设计与制作	旨在让学生学会单片机的串行口通信功能和键盘接口的应用及汇编语言的综合编程技巧

本教材是一本以项目驱动教学的教材。项目设置比较严谨，按工作模块把每个项目分为几个任务。项目中用到的知识由易到难，项目中包含的任务由简单到复杂，做到由浅入深、循序渐进。教材内容、结构新颖，教材中每个项目的开始都是先让学生自己进行仿真操作，充分理解项目设计的目标和要求，思考如何进行设计、需要什么知识作支持。每个项目完成后都有经验总结和巩固提高练习。教材注重工作过程的设置，学生完成各任务的过程就是项目设计的过程，每个项目完成的过程就是单片机应用开发的过程。每个项目中都使用了PROTUES仿真软件对设计的软硬件进行仿真，一方面帮助学生更好地理解理论知识，使设计的项目更直观，另一方面能及时修改设计中的软硬件错误，缩短设计时间，减少硬件资源的浪费，节省教学实训设备经费。

为了达到预期的教学效果，先让学生阅读任务书，使学生对所做项目的要求有所了解，然后再让学生根据任务书的要求一步步地去学习、去做，这样可达到较好的教学效果。

　　本书中仿真电路图采用的是 EDA 工具的符号标准，与国家标准不符，特提请读者注意。

　　本教材项目 1 由程莉编写，项目 3 由廖银萍和梁卫文编写，项目 2、4、5 由刘娟编写。全书由刘娟任主编，负责总体设计及最后统稿，赵玉林任主审。

　　由于编者水平有限，加上时间仓促，书中难免存在一些不妥和错误，恳请读者批评指正。

编者

目　录

项目1　单片机最小系统的设计与制作

单片机的应用之广是不言而喻的。日常生活中的电器产品，如电子秤、便携式心率监护仪、中频电疗仪、高级玩具、电视机、洗衣机、电冰箱、电磁炉、微波炉、空调、家用防盗报警器等都有单片机的用武之地。此外，单片机在智能化仪器仪表、工业测控、通信技术等领域中的应用也相当广泛。那么什么是单片机？它又如何应用呢？本项目将一一揭开它的面纱。

● 项目目标与要求

能认识不同类型的单片机。
能根据51系列单片机类型及封装方式选出适合项目的CPU芯片。
能识别所选出芯片的各引脚并说出其名称及作用。
能根据设计要求写出设计方案。
能设计最小系统主板原理图。
能制作最小系统主板。
熟悉PROTUES仿真环境。

● 项目工作任务

设计并制作最小系统主板。
熟悉PROTUES仿真软件的使用。
上电调试主板。
写项目设计报告。

● 项目任务书

工　作　任　务	任务实施流程	
任务1　最小系统主板的设计与制作	任务1-1	分析任务并写出设计方案
	任务1-2	设计原理图并画出焊接图
	任务1-3	制作最小系统主板
任务2　PROTUES仿真软件的使用与主板调试	任务2-1	在PROTUES环境下设计仿真电路图并仿真
	任务2-2	烧录程序及软硬件联调
	任务2-3	写项目设计报告

任务1 最小系统主板的设计与制作

● 学习目标

1）了解几种典型的单片机产品。
2）了解8051CPU的基本结构。
3）知道8051CPU的引脚及其封装方式。
4）知道8051CPU各引脚的作用。
5）知道时钟电路振荡方式及其作用。
6）了解单片机复位后的状态。
7）掌握单片机最小系统的设计方法。
8）熟悉PROTUES仿真软件的使用。

● 工作任务

1）能选出适合本项目的CPU芯片。
2）能根据设计要求设计时钟电路、复位电路、电源电路及接口电路。
3）能焊接、制作电路板。
4）会用万用表检测元器件，会调试电路。
5）能独立解决在设计与制作中遇到的问题。
6）能使用PROTUES仿真软件对设计产品进行仿真。

任务1-1 分析任务并写出设计方案

一、分析任务

本任务是设计一个系统主板，它由这样几部分组成：单片机、时钟振荡电路、复位电路、电源电路、输入/输出端口等。

二、设计方案

1. 单片机芯片的选择

单片机芯片型号很多，这里为了初学者学习方便，选用8051系列单片机，芯片为双列直插式封装。

2. 时钟振荡电路的设计

根据硬件电路的不同，单片机的时钟振荡电路可分为内部时钟方式和外部时钟方式，如图1-1所示。一般选择内部时钟方式的振荡电路。

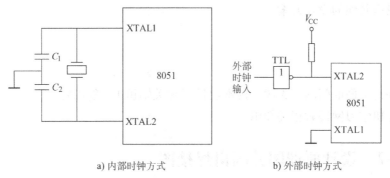

a) 内部时钟方式　　　　　　　b) 外部时钟方式

图 1-1　时钟振荡电路

3. 复位电路的设计

复位电路有三种，如图 1-2 所示。

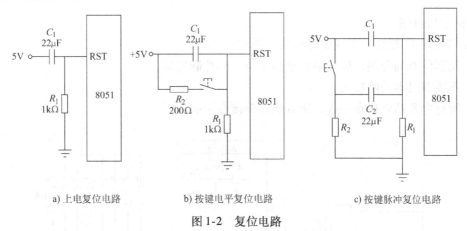

a) 上电复位电路　　　　b) 按键电平复位电路　　　　c) 按键脉冲复位电路

图 1-2　复位电路

4. 电源电路的设计

电源电路如图 1-3 所示。

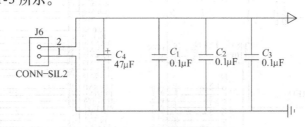

图 1-3　电源电路

5. 输入/输出端口接线的设计

为了实现模块化的设计，将 CPU 的 4 个并行的输入/输出端口 P0 ~ P3 分别接到接线端上，本项目用了 4 个 8 针的针式接线端与单片机的输入/输出端口连接。

● 想一想、议一议

1. 为什么要用上面的方案设计项目？

2. 还有没有其他的设计方案?

● 读一读

1. 要想探讨上面的问题,先读一读本项目"相关知识1"的内容。
2. 用单片机学习网搜索相关知识。

任务1-2 设计原理图并画出焊接图

1. 设计最小系统原理图

根据自己设计的方案,在 PROTUES 环境下设计最小系统仿真原理图,如图 1-4 所示。

2. 画出焊接图

在已学过的制板软件下画出焊接图。要求:

1)元器件布局合理,接线端口要便于与外部控制连接。

2)不要有过多的跨接线。

3)所有电源端要接在一起,所有地端要接在一起。

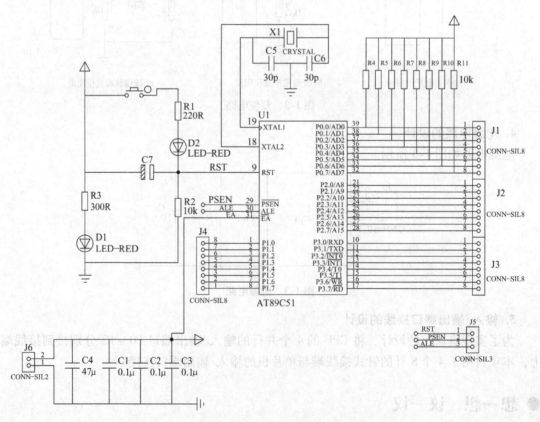

图1-4　最小系统仿真原理图

任务1-3　制作最小系统主板

1. 填表

根据所设计的最小系统原理图，将所用的元器件填写在表1-1的元器件表中，并测试元器件。

表1-1　元器件表

序号	标号	元器件名称	数量	单位

2. 工具

1）万用表20块（每小组2人一块）。

2）直流稳压电源20台。

3）芯片烧录器20个。

4）电烙铁40个、焊锡丝若干。

本任务所用工具及元器件如图1-5所示。

3. 制作工艺要求

1）输出模块电路布局要合理、美观。

2）控制板I/O接线端口的位置要方便与主板接口电路连接。

3）焊点要均匀。

4）在设计电路板焊接图时，要考虑尽量避免出现跨接线。

5）所有接地线都连接在一起，所有电源线也连接在一起。

6）焊接时，每一步都要按焊接工艺要求去做。

主板电路布局参考图如图1-6所示。

4. 制作主板

1）选择、测试元器件。

2）安装元器件并焊接。步骤如下：①安装CPU插座并焊接；②按焊接图插入时钟振荡电路的元器件并焊接；③按焊接图插入复位电路的元器件并焊接；④按焊接图插入电源电路的元器件并焊接；⑤按焊接图插入输入/输出端口的接线端并焊接；⑥按焊接图将各部分电路连接并焊接。

5. 测试电路板

将测试点、测试结果及原因分析填写在测试记录表中，见表1-2。

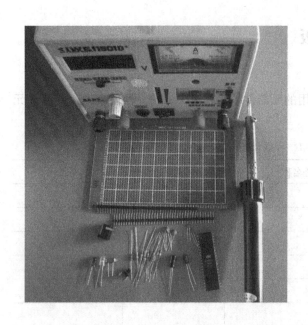

图 1-5　工具及元器件

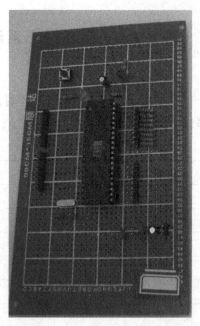

图 1-6　主板电路布局参考图

表 1-2　测试记录表

测　试　点	测　试　结　果	原　因　分　析

任务 2　PROTUES 仿真软件的使用与主板调试

● 学习目标

1）了解 PROTUES 仿真软件。
2）熟悉用 PROTUES 仿真软件设计仿真电路的方法。
3）熟悉在 PROTUES 环境下仿真的操作。

4）熟悉电路板的调试方法。

● 工作任务

1）能使用 PROTUES 仿真软件设计仿真电路。

2）能在 PROTUES 环境下进行仿真。

3）能利用适当的测试工具调试主板，完成最小系统主板的设计与制作。

在单片机的开发应用设计过程中，为了减少设备、节省成本、缩短开发时间，通常先用一种仿真软件来验证一下软件和硬件设计的正确性，再进行实际的设计。为了更好地熟悉 PROTUES 的使用，需要设计一个简单的仿真电路，以便验证程序的正确性，为后面调试系统板所使用。

任务 2-1 在 PROTUES 环境下设计仿真电路图并仿真

1. 仿真电路图的设计

在 PROTUES 下设计图 1-7 所示的简单仿真电路图。

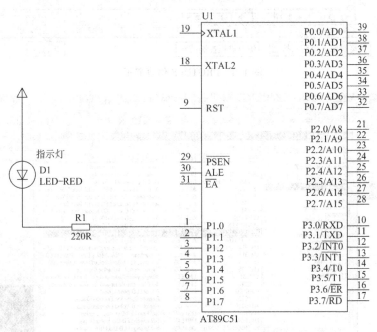

图 1-7 简单的仿真电路图

步骤如下：

1）启动 PROTUES 仿真软件，进入仿真界面，如图 1-8 所示。

2）根据表 1-3，在 PROTUES 元器件库中选择元器件：单击工具栏中的 按钮，然后单击"对象选择器"窗口中的对象选择按钮"P"，在"Keywords"框中输入要选的元器件，如输入元器件名称"LED"，在"Results"中找到元器件，然后单击"OK"按钮，如图 1-9 所示。

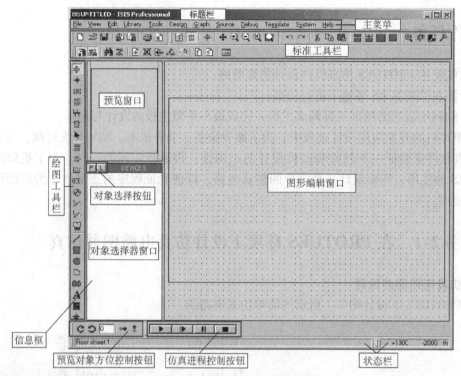

图 1-8 PROTUES 仿真界面

图 1-9 选择元器件

表1-3　元器件表

元器件名称	所　属　类	所属子类
AT89C51(单片机)	Microprocessor ICs	8051Family
LED-RED(发光二极管-红色)	Optoelectronics	LEDS
MINRES220R(电阻220Ω)	Resistors	All Sub

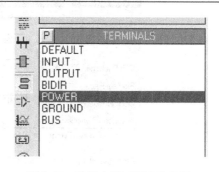

图1-10　选择电源（"POWER"）

　　3）取出电源和地的接头：单击工具栏中的 按钮，选择"对象选择器"窗口中的电源（"POW-ER"），如图1-10所示。

　　4）按图1-7所示电路图连线。单击工具栏中的 按钮，这时设计处于连接线状态，选中"对象选择器"窗口中的元器件，在编辑窗口中单击一下，将元器件放入图形编辑窗口，并调整好各元器件的位置，如图1-11所示。选中元器件，然后用工具栏中的 或 按钮可调整元器件的方向。元器件位置调整好后，在元器件的一个引脚上单击，这时出现一个小方框，单击并拖住不放，移到另一个元器件的一个引脚上，当出现一个小方框时，单击鼠标即可将两个元器件连接起来。

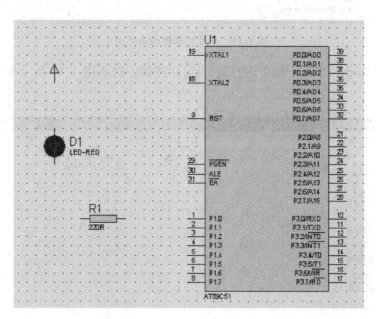

图1-11　元器件编辑窗口

　　5）用图1-12所示画图工具中的 工具在图中添加文字。

图1-12　画图工具

　　6）所有元器件都连接好后，单击"文件"中的"保存"，将电路图保存为名为"指示灯"的文件。

　　到此为止，就在PROTUES环境下设计好了一个简单的仿真电路图。

2. 仿真操作

（1）装入文件　将可执行文件"P1s2.hex"（该文件可向出版社索要）装入 AT89C51 CPU 中。步骤如下：

1）在设计好的电路图上单击 AT89C51，弹出图 1-13 所示的单片机器件编辑界面。

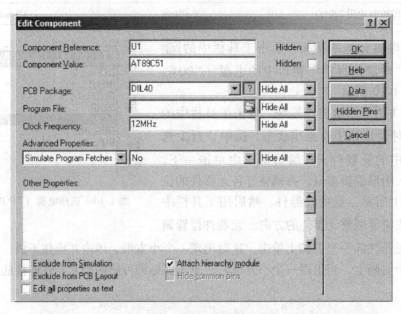

图 1-13　单片机器件编辑界面

2）单击"Program File"框中的打开（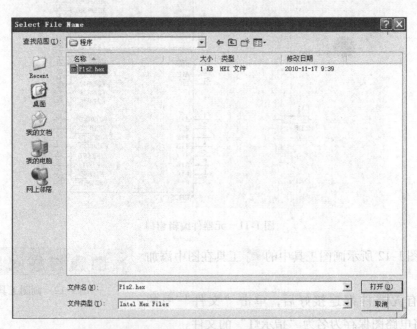）按钮，进入图 1-14 所示的选择程序文件界面。

图 1-14　选择程序文件界面

3）选择"程序"文件夹中的"P1s2. hex"文件，然后单击"打开"按钮，即可进入图 1-15 所示的单片机的基本配置界面。

4）单击图 1-15 中的"OK"按钮，即可将可执行文件"P1s2. hex"装入 AT89C51CPU 中。

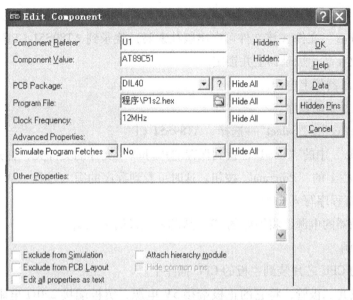

图 1-15　单片机的基本配置界面

（2）仿真运行　步骤如下：

1）单击图 1-16 所示仿真运行界面左下方的运行 ▶ 按钮。

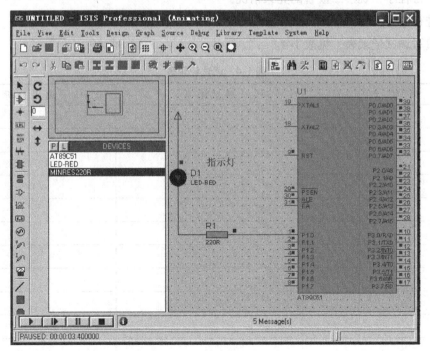

图 1-16　仿真运行界面

2）观察指示灯的亮灭。

任务2-2　烧录程序及软硬件联调

1. 烧录程序

1）将"P1. hex"文件（该文件可向出版社索要）烧录到 AT89S51 CPU 中。步骤如下：

① 将 CPU 放在芯片烧录器上并锁定。

② 将芯片烧录器接上电源。

③ 打开烧录器驱动程序。

④ 单击"Device"→"Select"→选择"AT89S51 CPU"。

⑤ 单击"File"中的"Load"，找到保存"P1. hex"文件的文件夹，打开该文件。

⑥ 单击工具栏上的"Program"按钮。这时可看到程序的写入过程，待写入成功后单击"OK"按钮，即将程序写入 CPU。

2）关闭烧录器的电源，将写好的 CPU 从芯片烧录器上取出。

2. 软硬件联调

1）将写好的 CPU 芯片装到主板的 CPU 插座上。

2）拿一只发光二极管，将它的正极端接 5V 电源，负极端接 220Ω 电阻的一端，220Ω 电阻的另一端插入主板接线口的 P1.0 线上。

3）将主板接上 5V 电源。

4）运行程序，观察二极管的亮灭情况。

5）进行电路板测试。

6）填写调试记录表，见表1-4。

表1-4　调试记录表

调　试　点	调试结果	原因分析

任务2-3 写项目设计报告

项目1 设计报告

姓　名		班　级	
项目名称:			
目　标:			
项目设计方案:			

选用的元器件:

元器件名称	型号	数量

项目中用到的知识及技能:

测试步骤:

项目设计及制作中遇到的问题及解决办法:

我的收获:

● 项目工作检验与评估

考核项目及分值	学生自评分	项目小组长评分	老师评分
现场 5S 工作(工作纪律、工具整理、整顿、现场清扫等)(15 分)			
设计方案(10 分)			
在 PROTUES 环境下设计原理图(15 分)(自己设计加 5 分)			
绘制焊接图,错一处扣 1 分(10 分)			
电路板制作(20 分)			
烧录程序(5 分)			
上电测试,元器件焊错扣 2 分、一个虚焊点扣 1 分(15 分)			
设计报告(10 分)			
总分			

● 经验总结

1. 调试经验

1) 当发光二极管不能发光时:

① 查看电源是否接好。

② 查看地线是否接好。

③ 查看主板 31 脚是否接上电源。

④ 查看电路控制板是否虚焊。

⑤ 查看发光二极管是否焊接反向,是否已烧坏。

⑥ 用万用表测量一下时钟振荡电路,看是否有振荡信号输出。

2) 如果电路没有问题,就查看 CPU 程序烧录是否有问题。(可重新烧录一次)

2. 焊接经验

1) 发光二极管极性不得接反,一般引线较长的为正极,引线较短的为负极。

2) 焊接时间应尽量短,焊点不能在引脚根部。焊接时应使用镊子夹住引脚根部以利于散热,宜用中性助焊剂（松香）或选用松香焊锡丝。

3) 严禁用有机溶液浸泡或清洗。

● 巩固提高练习

一、理论题

1. 何谓单片机？单片机与一般微型计算机相比，具有哪些特点？

2. 除了单片机这一名称之外，单片机还可以称为什么？为什么？

3. 微处理器、CPU、单片机之间有何区别？

4. 计算机的基本结构由哪几部分组成？各部分的作用是什么？

5. 单片机与微型计算机的区别与相似之处有哪些？

6. 单片机根据其基本操作处理的位数可分为哪几种类型？

7. 简述今后单片机的发展方向。

8. 请列出在生产、生活各个领域中的机电设备等，哪些产品是以单片机为核心的？

9. 什么是二进制？为什么在数字系统、计算机系统中采用二进制？

10. 什么是 BCD 码？

11. 为什么要用"十六进制"呢？

12. 将下列各数按权展开为多项式：

(1) 110110B   (2) 5678.32D   (3) 1FB7H

13. 把下列十进制数转化为二进制、十六进制和 8421 BCD 码：

(1) 135.625   (2) 548.75   (3) 376.125   (4) 254.25

14. 单片机的时钟电路有何用途？起什么作用？

15. AT89C51 单片机的时钟周期、机器周期、指令周期是如何设置的？当主频为 12MHz 时，时钟周期、机器周期和指令周期各等于多少？

16. 什么时候需要复位操作？对复位信号有何要求？

17. 使单片机系统复位常见的有哪几种方法？绘出其原理图，复位后特殊功能寄存器的初始值如何？

18. 开机复位后，CPU 使用哪组工作寄存器？它们的地址是多少？

19. AT89C51 单片机如何进入节电工作方式？如何退出节电工作方式？

20. 当 51 系列单片机运行出错或程序陷入死循环时，如何来摆脱困境？

21. 单片机在工业控制中为什么有时需要工作在低功耗方式？如何设置 AT89C51 单片机的低功耗工作状态？

22. AT89C51 系列单片机芯片包含哪些主要组成部分？各有什么主要功能？

23. 一个十六位二进制整数，若采用补码表示，由 4 个"1"和 12 个"0"组成，则十进制表示的最小值是多少？最大值是多少？

二、设计题

在 PROTUES 环境下设计仿真电路图，如图 1-17 所示。

要求：根据图 1-17 所示的自动计数报警器电路图设计仿真电路图，并将老师给的可实现数码管显示计数的".hex"文件装入仿真电路 CPU 中，进行仿真操作。

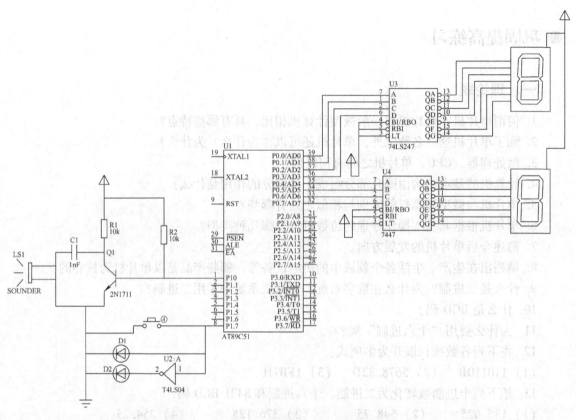

图 1-17　自动计数报警器电路图设计仿真电路图

相关知识 1

1-1　认识单片机

1-1-1　单片机的概念

单片机就是把 CPU、存储器、定时器/计数器和 I/O 端口等部件都集成在一个电路芯片上，并具备一套功能完善的指令系统，有些型号的单片机同时还具备 D-A 和 A-D 转换等功能部件。通常这些高性能的芯片都能在不同场合独立地处理程序，故简称单片机或单片处理机。

典型的单片机有 Intel 公司的 MCS-51、MCS-96 系列，ATMEL 公司的 AT89C51、AT89S51，Motorola 公司的 MC68HC11，Rockwell 公司的 65 系列等。高性能的单片机还支持高级语言，它们广泛应用在家用电器、智能化仪器和工业控制等领域。

1-1-2　51 系列单片机的外形与引脚

要认识单片机，首先要认识它的外形及其引脚，51 系列单片机的外形与引脚如图 1-18、

图 1-19 所示。

图 1-18 51 系列单片机的外形

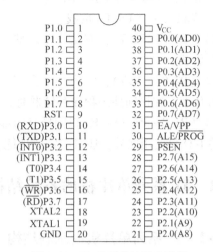

图 1-19 51 系列单片机的引脚

1. 电源引脚 V_{CC} （40 脚）和 GND（20 脚）

V_{CC}：电源端，接 5V。

GND：接地端。

通常在 V_{CC} 和 GND 引脚之间接 $0.1\mu F$ 的高频滤波电容。

2. 时钟电路引脚 XTAL1（19 脚）和 XTAL2（18 脚）

XTAL1：接外部晶振和微调电容的一端，在片内它是振荡器倒相放大器的输入，若使用外部 TTL 时钟，该引脚必须接地。

XTAL2：接外部晶振和微调电容的另一端，在片内它是振荡器倒相放大器的输出，若使用外部 TTL 时钟，该引脚为外部时钟的输入端。

3. 地址锁存允许 ALE（30 脚）

在系统扩展时，ALE 用于控制地址锁存器锁存 P0 口输出的低 8 位地址，从而实现数据与低位地址的复用。当单片机上电正常工作后，ALE 端就周期性地以大小为时钟频率的 1/6 的固定频率向外输出正脉冲信号，ALE 能驱动 8 个 LSTTL 负载。

4. 外部程序存储器读选通信号$\overline{PSEN}$（29 脚）

$\overline{PSEN}$是外部程序存储器的读选通信号，低电平有效。CPU 从外部程序存储器取指令时，它在每个机器周期中两次有效。

5. 程序存储器地址允许输入端$\overline{EA}$/VPP（31 脚）

当$\overline{EA}$为高电平时，CPU 执行内部程序存储器指令，但当程序计数器（PC）中的值超过 0FFFH 时，将自动转向执行外部程序存储器指令。

6. 复位信号 RST（9 脚）

该信号高电平有效，在输入端保持两个机器周期的高电平后，就可以完成复位操作。此外，该引脚还有掉电保护功能，若在该端接 5V 备用电源，在使用中若 V_{CC} 掉电，可保护片内 RAM 中信息不丢失。

7. I/O 端口引脚 P0、P1、P2 和 P3

P0 口（P0.0 ~ P0.7）：它为 8 位地址线和 8 位数据线的复用端口。内部无上拉电阻。执行输出功能时，外部须带上拉电阻（一般为 10kΩ），输入时须先输出高电平才能读外部数据。P0 口能驱动 8 个 LSTTL 负载。

P1 口（P1.0 ~ P1.7）：它是一个内部带上拉电阻的 8 位准双向 I/O 口，P1 口能驱动 4 个 LSTTL 负载。

P2 口（P2.0 ~ P2.7）：它为一个内部带上拉电阻的 8 位准双向 I/O 口，P2 口能驱动 4 个 LSTTL 负载。在访问外部程序存储器时，它作为存储器的高 8 位地址线。

P3 口（P3.0 ~ P3.7）：P3 口同样是内部带上拉电阻的 8 位准双向 I/O 口，P3 口除了作为一般的 I/O 口使用之外，还具有特殊功能。

1-2　51 系列单片机的系统结构及内部资源

1-2-1　51 系列单片机的系统结构

51 系列单片机采用的是冯·诺伊曼提出的经典计算机体系结构框架，即一台计算机是由运算器、控制器、存储器、输入设备和输出设备共 5 个基本部分组成的。51 系列单片机在一块芯片上集成了 CPU、RAM、ROM、定时器/计数器和多功能 I/O 端口等。51 系列单片机的系统结构框图如图 1-20 所示。

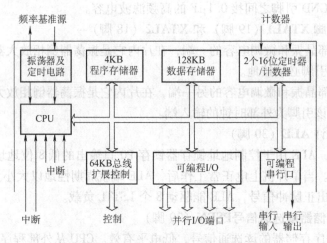

图 1-20　51 系列单片机的系统结构框图

1-2-2　51 系列单片机的内部资源

单片机内部主要包含下列几个部件：
◆一个 8 位 CPU。
◆一个时钟电路。
◆4KB 程序存储器。
◆128KB 数据存储器。
◆两个 16 位定时器/计数器。
◆64KB 总线扩展控制电路。

◆四个 8 位并行 I/O 端口。

◆一个可编程串行接口。

◆五个中断源，其中包括两个优先级嵌套中断。

1. CPU

CPU 即中央处理器的简称，是单片机的核心部件，它负责完成各种运算和控制操作，由运算器电路和控制器电路两部分组成。

（1）运算器电路　运算器电路包括 ALU（算术逻辑单元）、ACC（累加器）、B 寄存器、状态寄存器、暂存器 1 和暂存器 2 等部件，运算器的功能是进行算术运算和逻辑运算。运算器电路以 ALU 为核心单元，可以完成半字节、单字节以及多字节数据的运算操作，其中包括加、减、乘、除、十进制调整等算术运算以及与、或、异或、求补和循环等逻辑操作，运算结果的状态由状态寄存器保存。

（2）控制器电路　控制器电路包括程序计数器（PC）、PC 加 1 寄存器、指令寄存器、指令译码器、数据指针（DPTR）、堆栈指针（SP）、缓冲器以及定时与控制电路等。控制电路完成指挥控制工作，协调单片机各部分正常工作。PC 用来存放即将要执行的指令地址，它可以完成 64KB 的外部程序存储器寻址，执行指令时，PC 内容的高 8 位经 P2 口输出，低 8 位经 P0 口输出。DPTR 为 16 位数据指针，它可以对 64KB 的外部数据存储器和 I/O 端口进行寻址，它的低 8 位为 DPL（地址 82H），高 8 位为 DPH（地址为 83H）。SP 在内部 RAM（128 字节）中开辟栈区，并随时跟踪栈顶地址，它按先进后出的原则存取数据，上电复位后，SP 指向 07H。

2. 定时器/计数器

51 系列单片机片内有两个 16 位的定时器/计数器，即定时器 0 和定时器 1。它们可以用于定时控制、延时以及对外部事件的计数和检测等。

3. 存储器

51 系列单片机的存储器包括数据存储器（RAM）和程序存储器（ROM），其主要特点是程序存储器和数据存储器的寻址空间是相互独立的，物理结构也不相同。对 51 系列单片机（8031 除外）而言，有 4 个物理上相互独立的存储器空间：内部、外部程序存储器和内部、外部数据存储器。对于 8051 单片机，其芯片中共有 256 个 RAM 单元，其中后 128 个单元被专用寄存器占用，只有前 128 个单元供用户使用。

4. 并行 I/O 端口

51 系列单片机共有 4 个 8 位的 I/O 端口（P0、P1、P2 和 P3），每一条 I/O 线都能独立地用于输入或输出。P0 口为三态双向口，能带 8 个 TTL 门电路，P1、P2 和 P3 口为准双向口，能驱动 4 个 TTL 门电路。

5. 串行接口

51 系列单片机具有一个采用通用异步工作方式的全双工串行口通信接口，可以同时发送和接收数据。它具有两个相互独立的接收、发送数据缓冲器，两个缓冲器共用一个地址（99H），发送缓冲器只能写入，不能读出，接收缓冲器只能读出，不能写入。

6. 中断控制系统

51 系列单片机的中断功能较强大，可以满足控制应用的需要。8051 单片机共有 5 个中断源，即外部中断 2 个、定时/计数中断 2 个、串行中断 1 个。所有中断分为高级和低级两个中断优先级。

7. 时钟电路

MCS-51 芯片内部有时钟电路，但晶体振荡器和微调电容必须外接。时钟电路为单片机产生的时钟脉冲序列，振荡器的频率一般取 12MHz。

8. 总线

以上所有组成部分通过总线连接起来，从而构成一个完整的单片机。系统的地址信号、数据信号和控制信号都是通过总线传送的，总线结构减少了单片机的连线和引脚，提高了集成度和可靠性。

1-3　单片机的工作方式和时钟

1-3-1　工作方式

1. 复位电路

在 51 系列单片机中，最常见的复位电路为图 1-21 所示的上电复位电路，它能有效地实现上电复位和手动复位。RST 引脚是复位信号输入端，复位信号为高电平有效，其有效时间应持续 24 个振荡周期以上才能完成复位操作，若使用 6MHz 晶振，则需持续 4μs 以上才能完成复位操作。在通电瞬间，由于 C_R 的充电过程，在 RST 端会出现一定宽度的正脉冲，只要该正脉冲保持 10ms 以上，就能使单片机自动复位，在 6MHz 时钟时，通常 C_R 取 22μF，R_1 取 200Ω，R_2 取 1kΩ，这时才能可靠地上电复位和手动复位。

CPU 在第二个机器周期内执行内部复位操作，以后每个机器周期复位操作重复一次，直至 RST 端电平变低。在单片机复位期间，ALE 和 $\overline{PSEN}$信号都不产生。复位操作将对部分专用寄存器产生影响，复位后，其状态见表 1-5。

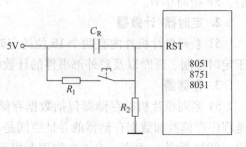

图 1-21　上电复位电路

表 1-5　部分专用寄存器复位状态

寄存器	值	寄存器	值
PC	0000H	ACC	00H
B	00H	PSW	00H
SP	07H	DPTR	0000H
P0 ~ P3	0FFH	IP	× × ×00000
IE	0 × ×00000	TMOD	00H
TCON	00H	TL0、TL1	00H
TH0、TH1	00H	SCON	00H
SBUF	不定	PCON	0 × × ×0000

2. 程序执行方式

因为单片机复位后程序计数器 PC = 0000H，所以程序执行总是从地址 0000H 开始。由于被执行的程序可以放在内部或外部 ROM 的任何区域中，因此必须在 0000H 处放一条转移指令，指向被执行的起始地址，以便单片机复位后转移到被执行程序的入口。

3. 单片机的低功耗方式

对于 51 系列单片机来说，它们有待机方式和掉电保护方式两种低功耗方式。通过设置电源控制寄存器 PCON 的相关位可以确定当前的低功耗方式。PCON 寄存器格式见表 1-6。

表 1-6 PCON 寄存器格式

位序	B7	B6	B5	B4	B3	B2	B1	B0
位符号	*SMOD*	—	—	—	*GF*1	*GF*0	*PD*	*IDL*

其中，*SMOD* 为波特率倍增位；*GF*0、*GF*1 为通用标志位；*PD* 为掉电保护方式位，*PD* = 1 为掉电保护方式；*IDL* 为待机方式位，*IDL* = 1 为待机方式。

（1）待机方式 将 PCON 寄存器的 *IDL* 位置"1"，单片机则进入待机方式。此时，振荡器仍然处于工作状态，并且向中断逻辑、串行口和定时器/计数器电路提供时钟，但是向 CPU 提供时钟的电路被断开，因此 CPU 停止工作。通常在待机方式下，单片机的中断仍然可以使用，这样可以通过中断触发方式退出待机模式。

（2）掉电保护方式 将 PCON 寄存器的 *PD* 位置"1"，单片机则进入掉电保护方式。如果单片机检测到电源电压过低，此时除进行信息保护外，还需将 *PD* 位置"1"，使单片机进入掉电保护方式。此时，单片机停止工作，但是内部 RAM 中的数据仍被保存。如果单片机有备用电源，待电源正常后，硬件复位信号维持 10ms 后使单片机退出掉电方式。

1-3-2 时钟

1. 时钟方式电路

在 51 系列单片机片内有一个高增益的反相放大器，反相放大器的输入端为 XTAL1，输出端为 XTAL2，由该放大器构成的振荡电路和时钟电路一起构成了单片机的时钟方式电路。根据硬件电路的不同，单片机的时钟连接方式可分为内部时钟方式和外部时钟方式，其电路如图 1-22 所示。

在内部时钟方式电路中，必须在 XTAL1 和 XTAL2 引脚两端跨接石英晶体振荡器和两个

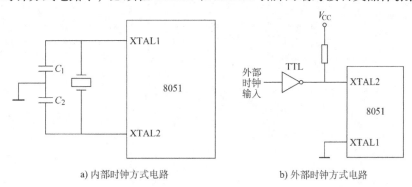

a) 内部时钟方式电路   b) 外部时钟方式电路

图 1-22 时钟方式电路

电容构成振荡电路，通常 C_1 和 C_2 取 30pF，晶振的频率取值在 1.2 ~ 12MHz。对于外部时钟方式电路，要求 XTAL1 引脚接地、XTAL2 引脚接外部时钟，对于外部时钟信号并无特殊要求，只要保证一定的脉冲宽度，时钟频率低于 12MHz 即可。

晶体振荡器的振荡信号从 XTAL2 端送入内部时钟方式电路，它将该振荡信号二分频，产生一个两相时钟信号 P1 和 P2 供单片机使用。P1 信号在每个状态的前半周期有效，P2 信号在每个状态的后半周期有效。CPU 就是以两相时钟 P1 和 P2 为基本节拍协调单片机各部分有效工作的。

2. 时序

为了便于分析 CPU 的时序，在此先介绍以下几个概念。

（1）振荡周期　振荡周期指为单片机提供定时信号的振荡源的周期或外部输入时钟的周期。

（2）时钟周期　时钟周期又称为状态周期或状态时间 S，它是振荡周期的两倍，它分为 P1 节拍和 P2 节拍，通常在 P1 节拍完成算术逻辑操作，在 P2 节拍完成内部寄存器之间的传送操作。

（3）机器周期　一个机器周期由 6 个状态组成，每个状态由两个时相 P1 和 P2 构成，故一个机器周期可依次表示为 S1P1、S1P2、……、S6P1、S6P2，即一个机器共有 12 个振荡脉冲。如果把一条指令的执行过程分为几个基本操作，则将完成一个基本操作所需的时间称为机器周期。单片机的单周期指令执行时间就为一个机器周期，如图 1-23 所示

（4）指令周期　指令周期即执行一条指令所占用的全部时间，通常为 1 ~ 4 个机器周期。在图 1-23 中给出了 51 系列单片机的典型取指、执行时序。由图可知，在每个机器周期内，地址锁存信号 ALE 两次有效，一次在 S1P2 与 S2P1 之间，另一次在 S4P2 和 S5P1 之间。

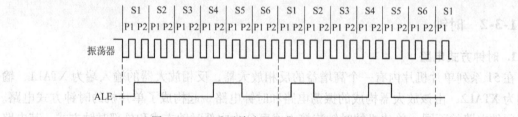

图 1-23　51 系列单片机的典型取指、执行时序

项目2 霹雳灯的设计与制作

在我国一些盛大的节日中，在公园、街道两边常能看到一些五彩缤纷的彩灯组成不同的图案以不同的方式闪烁，以及一些炫丽的广告牌，它们是如何实现的呢？本项目将设计并制作一个可控的霹雳灯，来揭示其中的奥秘。

● 项目目标与要求

能认识不同类型的单片机。
熟悉传送类指令及算术类指令的使用。
熟悉 KeilC51 开发环境的使用。
能设计可控霹雳灯的电路原理图。
能编制实现霹雳灯的程序。
能在 PROTUES 环境下进行仿真，并对软硬件进行联调。
能独立制作可控霹雳灯。

● 项目工作任务

设计并制作一个不可控霹雳灯。
设计并制作一个可控霹雳灯。
写项目设计报告。

● 项目任务书

工作任务	任务实施流程	
任务1 不可控霹雳灯的设计与制作	任务 1-1	分析任务并写出设计方案
	任务 1-2	在 PROTUES 环境下设计仿真电路图
	任务 1-3	画出实现功能要求的程序流程图
	任务 1-4	设计实现不可控霹雳灯的程序并仿真
	任务 1-5	制作电路板
	任务 1-6	烧录程序及软硬件联调
任务2 可控霹雳灯的设计与制作	任务 2-1	分析任务并写出设计方案
	任务 2-2	在 PROTUES 环境下设计仿真电路图
	任务 2-3	设计实现控制每个灯的程序并仿真
	任务 2-4	设计实现可控霹雳灯的程序并仿真
	任务 2-5	烧录程序及软硬件联调
	任务 2-6	写项目设计报告

任务 1 不可控霹雳灯的设计与制作

● 学习目标

1）熟悉 8051 单片机存储器的结构。
2）熟悉单片机的 I/O 端口的功能及应用。
3）熟悉单片机的指令格式、寻址方式和数据传送类指令的作用。
4）熟悉汇编程序的格式及编程方法。
5）熟悉程序的烧录方法。
6）熟悉仿真方法及调试方法。

● 工作任务

1）会设计仿真电路图。
2）会设计并制作霹雳灯电路（输出电路）。
3）会画程序流程图。
4）会设计实现霹雳灯的程序。
5）会将程序烧录到 CPU 芯片。
6）能对软硬件仿真并调试。

任务1-1 分析任务并写出设计方案

一、分析任务

由图 2-1 可见：霹雳灯由发光二极管 LED 组成，在 LED 两端加反向偏压时不发光，加正向偏压时发光，当加正向偏压时 LED 两端电压为 1.7V，加大 LED 两端电压，通过它的电流就会增加，LED 将更亮，但寿命也缩短了，当电压超过其额定电压时，有可能会将 LED 烧坏，因此，要给每个 LED 加上限流电阻，使通过 LED 的电流在 10~20mA 为宜。

二、设计方案

1. LED 的设计
根据分析，LED 的设计方案有以下两种：
1）将 LED 阳极接到 5V 的电源上，阴极接到单片机的输出端口上。
2）将 LED 阳极接到单片机的输出端口上，阴极接地。

2. 限流电阻的设计
如果选择第一种 LED 的设计方案，如图 2-1 所示，当 P1 输出端口输出低电平（0V）时，LED 导通发光，两端电压为 1.7V，则限流电阻 R 两端的电压为 3.3V（5V−1.7V），如

果让流过 LED 的电流 I 为 10mA，则限流电阻 R 为

$$R = (5V - 1.7V)/10mA = 330\Omega$$

如果想让 LED 再亮一点，可使流过 LED 的电流 I 为 15mA，则限流电阻 R 为

$$R = (5V - 1.7V)/15mA = 220\Omega$$

可见，限流电阻越小，LED 越亮，一般限流电阻都设计在 $200 \sim 330\Omega$。

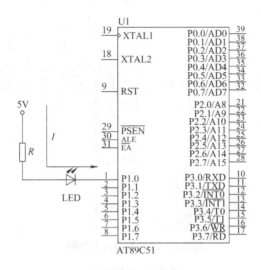

图 2-1　限流电阻的设计

● 想一想、议一议

1. 51 系列单片机有 4 个并行的 I/O 端口，那么它们如何使用，用哪个端口输出低电平比较合适呢？

2. 如果选择第二种 LED 的设计方案，还需要用限流电阻吗？单片机的输出口能不能输出 $10 \sim 20mA$ 的电流通过 LED 呢？

● 读一读

要想探讨上面的问题，先读一读本项目"相关知识2"中2-1节的内容。

任务1-2　在PROTUES环境下设计仿真电路图

根据已设计的方案，在 PROTUES 环境下设计图 2-2 所示的霹雳灯仿真电路图。

步骤如下：

1）启动 PROTUES 仿真软件。

2）根据表 2-1，在 PROTUES 元器件库中选择元器件。

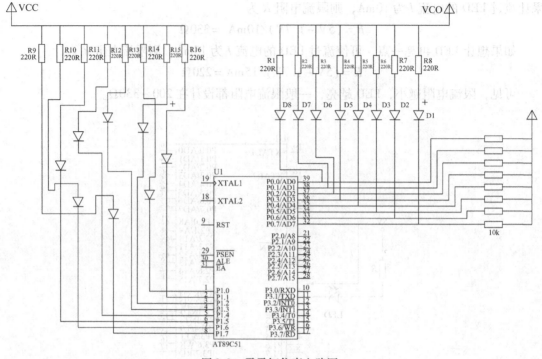

图 2-2 霹雳灯仿真电路图

表 2-1 元器件表

元器件名称	所 属 类	所 属 子 类
AT89C51(单片机)	Microprocessor ICs	8051 Family
LED-RED(发光二极管-红色)	Optoelectronics	LEDS
MINRES220R(电阻 220Ω)	Resistors	All Sub

3)设计图 2-2 所示的仿真电路图。

4)保存仿真电路图文件,文件名为"霹雳灯_1"。

任务 1-3 画出实现功能要求的程序流程图

在一个项目的设计过程中,当仿真电路图设计完成后,要用软件(程序)来实现控制,让其实现功能要求。对于功能复杂的项目,程序也就相对复杂,这时在编制程序前,就要按功能要求先画出程序流程图,以便更容易编写程序。

任务要求:画一个实现 P0、P1 口上各发光二极管全部亮再全部灭的花样闪烁发光的程序流程图。

1. 功能分析

如图 2-2 所示,16 只 LED 发光二极管接到单片机 P0 和 P1 口的 16 个引脚上,这是一种共阳极接法。当 P0 和 P1 口输出的都是"00000000B"时 LED 全亮,当 P0 和 P1 口输出的都是"11111111B"时 LED 全灭。使这些发光二极管亮一段时间(延时)再灭,灭一段时间再亮,这样就可以实现闪烁发光。

2. 画程序流程图

实现 P0 口和 P1 口发光二极管闪烁的程序流程图如图 2-3 所示。

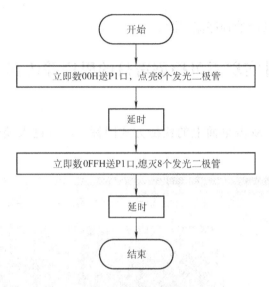

图 2-3　程序流程图

● 想一想、议一议

1. 何谓程序流程图？如何画出程序流程图呢？
2. 如果按表 2-2 所示的花样图表实现，又如何画出程序流程图呢？

表 2-2　实现花样亮灯数据表

序号	LED7	LED6	LED5	LED4	LED3	LED2	LED1	LED0	数据
花样 1-1	○	○	○	○	○	○	○	○	FFH
花样 1-2	●	●	●	●	●	●	●	●	00H
花样 1-3	○	○	○	○	○	○	○	○	FFH
花样 2-1	○	○	○	○	○	○	○	●	FEH
花样 2-2	○	○	○	○	○	○	●	○	FDH
花样 2-3	○	○	○	○	○	●	○	○	FBH
花样 2-4	○	○	○	○	●	○	○	○	F7H
花样 2-5	○	○	○	●	○	○	○	○	EFH
花样 2-6	○	○	●	○	○	○	○	○	DFH
花样 2-7	○	●	○	○	○	○	○	○	BFH
花样 2-8	●	○	○	○	○	○	○	○	7FH

注：表中"○"表示高电平"1"，图 2-2 中发光二极管不亮；"●"表示低电平"0"，图 2-2 中发光二极管被点亮。

28

● **做一做**

画出实现表2-2中功能的程序流程图。

任务1-4 设计实现不可控霹雳灯的程序并仿真

1. 建立工程

（1）启动KeilC51 双击桌面上的快捷方式图标，即可进入编辑程序环境，如图2-4所示。

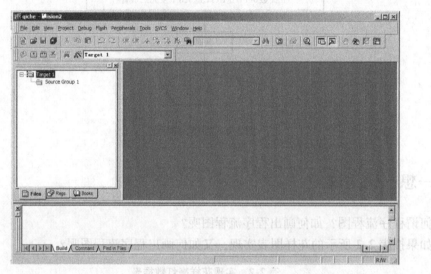

图2-4 KeilC51界面

（2）建立一个工程 单击"Project"菜单，选择弹出的下拉式菜单中的"New Project"，如图2-5所示，这时将打开图2-6所示的对话框。

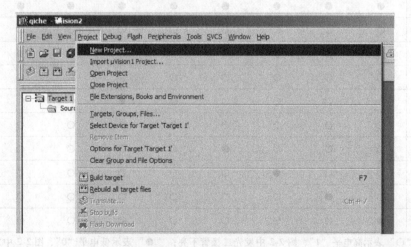

图2-5 "Project"菜单

图2-6　保存对话框

（3）保存工程名　在"Create New Project"对话框中的"保存在"栏找到要保存工程的
位置，"然后在"文件名"栏输入项目名称"P2"，单击"保存"按钮（"保存"后的文件
扩展名为uv2，这是Keil uVision2项目的文件扩展名），这时将打开图2-7所示的选项卡。

（4）选择CPU　单击图2-7中"CPU"选项卡中的"Atmel"，这里选择Atmel公司的
CPU，也可选择其他的CPU。

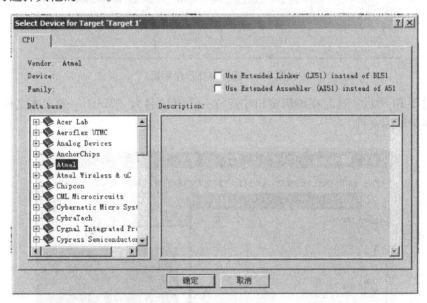

图2-7　选择CPU

（5）选择CPU芯片　单击"Atmel"前面的"+"号，可打开Atmel公司CPU芯片列
表，然后单击"AT89C51"，选择AT89C51 CPU，如图2-8所示。再单击"确定"按钮。这
时弹出图2-9所示的对话框，单击"否"按钮，到此，工程即建立完毕。下面开始建立汇
编程序。

2. 建立汇编程序

（1）新建汇编程序　在已经建立的工程中单击"File"菜单下的"New"即可新建汇编

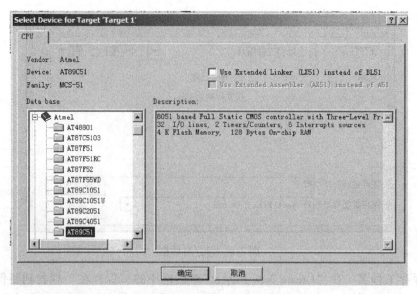

图 2-8　选择 CPU 芯片

图 2-9　选择建立程序编辑

程序，如图 2-10 所示。这时在编辑窗口中建立一个默认名为"Text1"的文本文件，下面把该文件保存为汇编文件。

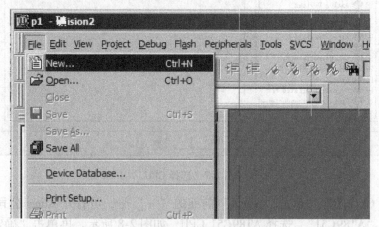

图 2-10　新建汇编程序

（2）保存汇编程序　单击工程中"File"菜单下的"Save"或"Save As"选项，可打开图 2-11 所示的对话框。在"文件名"栏输入"Tast_1.asm"，这里用"Tast_1.asm"作为汇编程序的文件名。文件扩展名为".asm"，输入时一定不要忘记，否则无法添加程序到项目工程中。

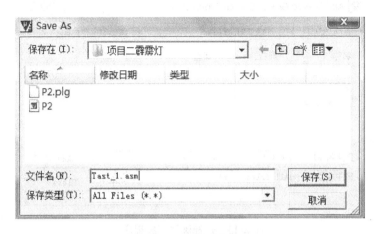

图 2-11 保存汇编程序

（3）在工程中添加汇编程序 在工程区中右键单击"Source Group 1"，再单击"Add Files to Group 'Source Group 1'"项，如图 2-12 所示。这时弹出图 2-13 所示的对话框，选中"Tast_1. asm"文件，单击"Add"按钮，再单击"Close"按钮，这样就完成了程序的添加。

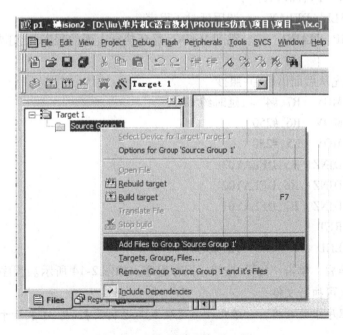

图 2-12 添加汇编程序到工程

（4）编辑汇编程序 在编辑区中输入下面程序：

```
        ORG   0000H      ;设置程序存储器的初始地址
        AJMP  MAIN1      ;跳过中断地址区
        ORG   0100H      ;中断地址范围
```

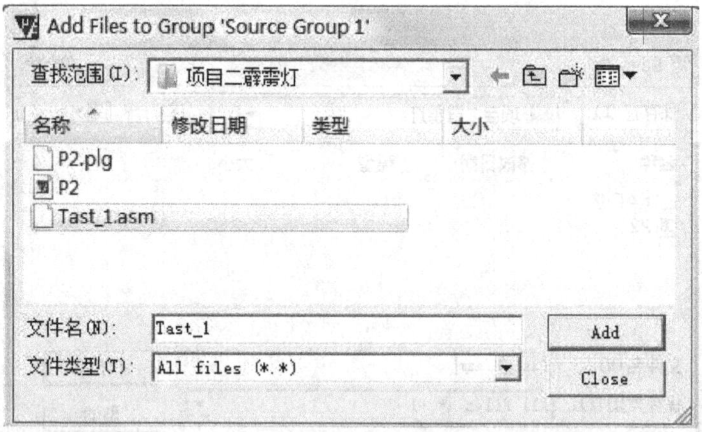

图 2-13　选择添加汇编程序

```
MAIN1： MOV   P0,#00H    ;初始化 P0 口为低电平,点亮 LED
        MOV   P1,#00H    ;初始化 P1 口为低电平
        ACALL DELAY      ;调用延时子程序
        MOV   P0,#0FFH   ;置 P0、P1 口为高电平,LED 灯灭
        MOV   P1,#0FFH   ;
        ACALL DELAY      ;调用延时子程序
        AJMP  MAIN1      ;跳到 MAIN1,循环执行上面的程序,让灯亮灭闪烁


;延时子程序先从后面借用,并照抄
DELAY：   MOV   R7,#4     ;延时约 1s
DELAY01： MOV   R6,#250
DELAY02： MOV   R5,#250
DELAY03： DJNZ  R5,DELAY03
          DJNZ  R6,DELAY02
          DJNZ  R7,DELAY01
          RET
          END            ;结束程序
```

程序输入完毕后,单击"🖫"按钮,保存程序,如图 2-14 所示。程序编辑完成后,就可进行调试并建立可执行文件。

注意：汇编程序中的数据,一般用十六进制或二进制数表示,H 表示十六进制数,B 表示二进制数。

例如,11111111B 表示 8 位的二进制数,如果用十六进制数表示,则为 FFH,但在汇编语言中,当数据用字母表示时,前面要加上零(0),即为 0FFH。

3. 建立可执行文件

(1)建立".hex"文件　右键单击"Target 1",打开"Options for Target Target 1"对话框,选择"Output"选项卡,在"Name of Executable"栏输入可执行文件名,默认为工程

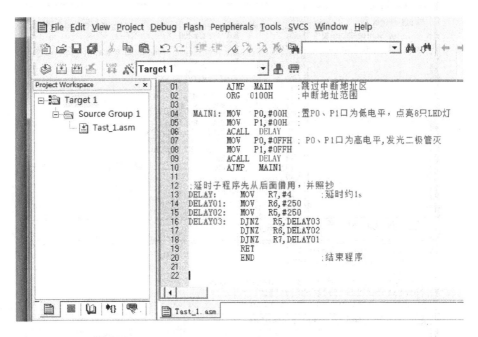

图 2-14　编辑汇编程序

名，如前面建立的工程名为 P2。将"Create Executable"区中的"Create HEX file"选中
（打√），如图 2-15 所示。单击"确定"，这时建立的可执行文件就保存在工程所在的文件
夹中（也可单击"Select Folder for Objects"按钮选择保存位置）。

（2）编译、调试程序　单击工程中"Project"菜单下的"Build target"选项，调试程
序，如果没有错误，信息框中将出现图 2-16 所示的提示信息。

图 2-15　建立".hex"文件

图 2-16　信息框

到此，就完成了程序的设计，下面即可进行仿真操作。

4. 仿真操作

1）进入 PROTUES 环境，打开已设计的仿真电路图文件"霹雳灯_ 1"。

2）双击仿真电路图中的"CPU"，即可打开图 2-17 所示对话框，在其中将".hex"文件装入。

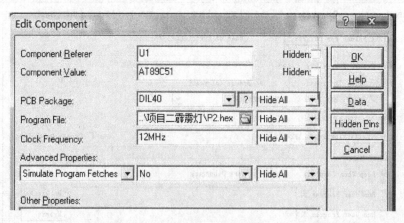

图 2-17　装入".hex"文件

3）单击已打开的"霹雳灯_1"仿真电路图界面左下方的运行按钮。

4）检测 P0、P1 口上的电平信号并观察发光二极管的亮、灭情况。如果没有按要求闪烁，需查找原因，判断是程序问题还是仿真电路问题，直至完成任务，如图 2-18 所示。

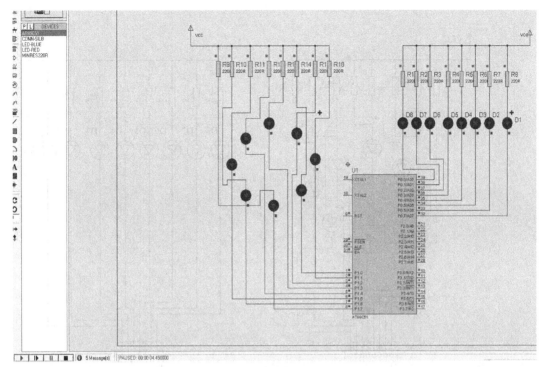

图 2-18　点亮二极管

● 想一想、议一议

1. 分析上面的程序，想一想汇编程序是如何构成的。
2. 在程序中需用到哪些寻址方式和指令？

● 读一读

要想探讨上面的问题，先读一读本项目"相关知识2"中2-2节的内容。

任务1-5　制作电路板

1. 设计电路图
在 PROTUES 环境下，设计图 2-19 所示的可控霹雳灯仿真电路图。
2. 填表
根据所设计的电路图，将所用的元器件填写在表 2-3 所示的元器件表中，并测试元器件。
3. 工具
1）万用表20块（每小组2人一块）。
2）直流稳压电源20台。

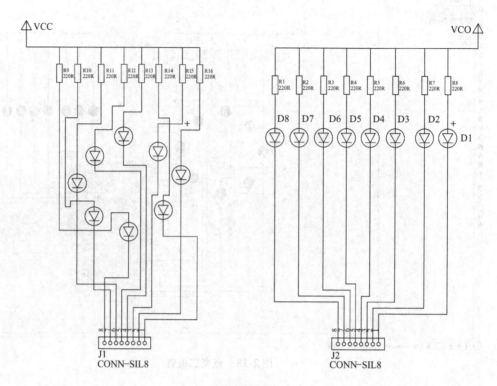

a) 输出电路图

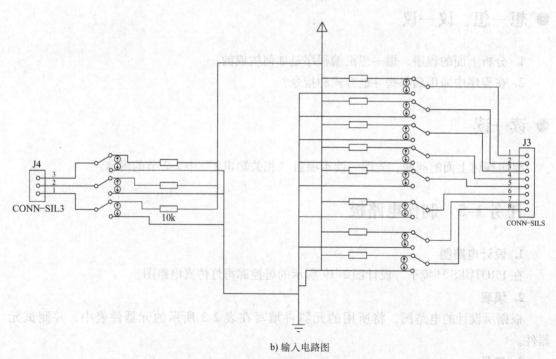

b) 输入电路图

图 2-19 可控霓雾灯仿真电路图

表 2-3　元器件表

序　号	标　号	元器件名称	数　量	单　位

3）芯片烧录器 20 个。

4）电烙铁 40 个、焊锡丝若干。

4. 制作工艺要求

1）输出模块电路布局要合理、美观。

2）控制板 I/O 接线端口的位置要方便与主板接口电路连接。

3）焊点要均匀。

4）在设计电路板焊接图时要考虑尽量避免出现跨接线。

5）所有接地线都连接在一起，所有电源线也连接在一起。

6）焊接时，每一步都要按焊接工艺要求去做。

5. 画出制板焊接图

根据设计的原理图绘出制板焊接图，要求走线布局合理，尽量避免跨接线。

6. 选择、测试元器件

选择设计中所需的元器件，并进行测试，筛去不合格的元器件。

7. 安装元器件并焊接

将测试好的元器件按照绘制的制板焊接图，安装到万用板上并焊接。焊接时不要出现虚焊。

任务 1-6　烧录程序及软硬件联调

1. 烧录程序

1）将编制好的“.hex”文件烧录到 AT89S51 CPU 中，步骤为：①将 CPU 放在芯片烧录器上并锁定；②将芯片烧录器接上电源；③打开烧录器驱动程序；④单击“Device”→“Select”→选择“AT89S51 CPU”；⑤单击“File”中的“Load”，找到保存“.hex”文件的文件夹，打开“.hex”文件；⑥单击工具栏上的“Program”按钮。这时可看到程序的写入过程，待写入成功后，单击“OK”按钮，即将程序写入 CPU。

2）关闭烧录器的电源，将写好程序的 CPU 从芯片烧录器上取出。

2. 软硬件联调

1）将写好程序的 CPU 装到主板的 CPU 插座上。

2）霹雳灯电路控制板与主板按表 2-4 进行连接。

说明：主板上 P0 口的 8 位口线与霹雳灯电路控制板 J2 的 8 个孔接线端分别连接；主板上 P1 口的 8 位口线与霹雳灯电路控制板 J1 的 8 个孔接线端分别连接。

表 2-4　参考连线表

序　号	主　板	霹雳灯电路控制板
连接 1	5V/GND	5V/GND
连接 2	P1.0 ~ P1.7	J1_0 ~ J1_7
连接 3	P0.0 ~ P0.7	J2_0 ~ J2_7

3）将主板与霹雳灯电路控制板都接上 5V 电源。

4）运行程序，观察二极管的亮灭情况。

5）填写表 2-5 所示的调试记录表。

表 2-5　调试记录表

调 试 项 目	调 试 结 果	原 因 分 析

● 想一想、议一议

如果将主板上 P2 口的 8 位口线与霹雳灯电路控制板 J2 的 8 个孔接线端分别连接，P3 口的 8 位口线与霹雳灯电路控制板 J1 的 8 个孔接线端分别连接，需修改程序的哪几条指令，如何修改可实现相同功能？

● 巩固提高

分析表 2-6 所示灯的花样图表，编写程序实现其功能。

表 2-6　花样图表

序号	LED7	LED6	LED5	LED4	LED3	LED2	LED1	LED0	数据
花样 1-1	○	○	○	○	○	○	○	○	FFH
花样 1-2	●	●	●	●	●	●	●	●	00H
花样 1-3	○	○	○	○	○	○	○	○	FFH
花样 2-1	○	○	○	○	○	○	○	●	FEH
花样 2-2	○	○	○	○	○	○	●	○	FDH
花样 2-3	○	○	○	○	○	●	○	○	FBH
花样 2-4	○	○	○	○	●	○	○	○	F7H
花样 2-5	○	○	○	●	○	○	○	○	EFH
花样 2-6	○	○	●	○	○	○	○	○	DFH
花样 2-7	○	●	○	○	○	○	○	○	BFH
花样 2-8	●	○	○	○	○	○	○	○	7FH

注：表中●表示低电平，即发光二极管发光；○表示高电平，即发光二极管灭。

由此可以看到：发光二极管闪烁的花样有两种：一种是先灭，再亮，再灭，即进行亮、灭闪烁；第二种是按从右向左逐个发光闪烁（从单片机输出口的低位向高位逐个发光）。

要实现这两种闪烁，只需将不同的数据送入 P0、P1 口即可。

1. 编写汇编程序

（1）方法 1　用 MOV 指令，向 P0、P1 口逐个传送数据，传送一个数据之后延时 1s 再传送下一个数据。参考汇编程序如下：

```
                ORG     0000H         ;从 RAM 内存地址 00 开始执行程序
                AJMP    START         ;跳过中断地址区
                ORG     0100H         ;中断地址范围
;花样 1
START:          MOV     P0,#0FFH      ;初始化 P0、P1 口为高电平
                MOV     P1,#0FFH
                ACALL   DELAY         ;调用延时子程序
                MOV     A,#00H
                MOV     P0,A
                MOV     P1,A
                ACALL   DELAY         ;调用延时子程序
                MOV     A,#0FFH
                MOV     P0,A
                MOV     P1,A
                ACALL   DELAY         ;调用延时子程序
;花样 2
                MOV     A,#0FEH
                MOV     P0,A
                MOV     P1,A
                ACALL   DELAY         ;调用延时子程序
                MOV     A,#0FDH
                MOV     P0,A
                MOV     P1,A
                ACALL   DELAY         ;调用延时子程序
                MOV     A,#0FBH
                MOV     P0,A
                MOV     P1,A
                ACALL   DELAY         ;调用延时子程序
                MOV     A,#0F7H
                MOV     P0,A
                MOV     P1,A
                ACALL   DELAY         ;调用延时子程序
                MOV     A,#0EFH
```

```
                    MOV        P0,A
                    MOV        P1,A
                    ACALL      DELAY
                    MOV        A,#0DFH
                    MOV        P0,A
                    MOV        P1,A
                    ACALL      DELAY
                    MOV        A,#0BFH
                    MOV        P0,A
                    MOV        P1,A
                    ACALL      DELAY
                    MOV        A,#7FH
                    MOV        P0,A
                    MOV        P1,A
                    ACALL      DELAY
                    LJMP       START        ;跳转到花样灯开始的地方
            ;延时子程序先从后面借用,并照抄
            DELAY:  MOV        R7,#10       ;延时约1s
            DELAY01:MOV        R6,#200
            DELAY02:MOV        R5,#250
            DELAY03:DJNZ       R5,DELAY03
                    DJNZ       R6,DELAY02
                    DJNZ       R7,DELAY01
                    RET        ;返回
                    END        ;结束程序
```

（2）方法2　从上面的程序可见，如果程序中将大量数据传送给相同的端口，用 MOV 指令实现就显得程序很繁琐，很冗长，若用 MOVC 指令，通过查表法向 P0、P1 口逐个传送数据，就可以简化程序。参考汇编程序如下：

```
            ORG        0000H        ;从 RAM 内存地址 00 开始执行程序
            AJMP       MAIN         ;跳过中断地址区
            ORG        0100H        ;中断地址范围
    MAIN:   MOV        P0,#0FFH     ;初始化 P0、P1 口为高电平
            MOV        P1,#0FFH
            MOV        DPTR,#TABLE  ;将数据表首地址 TABLE 送给 16 位的数据指针
                                    ;寄存器 DPTR
;花样闪烁
    ST1:    MOV        A,#00H       ;将基址 00H 送给累加器 A
            MOVC       A,@A+DPTR    ;查数据表中(基址 A+DPTR 地址,形成新的地址)的数
                                    ;据送给 A
```

	CJNE	A,#01H,ST2	;将 A 中的数据与立即数 01H 进行比较,如果相等,说明
			;表中数据已送完,转到程序的开始(MAIN);如果不等,
			;转到 ST2,将 A 中数据送给 P0、P1 口,再去取表中的下
			;一个数据
	AJMP	MAIN	
ST2:	MOV	P0,A	
	MOV	P1,A	
	ACALL	DELAY	
	INC	DPTR	;表地址加 1,以便取下一个数据
	AJMP	ST1	;跳转到花样灯开始的地方

;延时子程序

DELAY:	MOV	R7,#10	;延时约 1s
DELAY01:	MOV	R6,#200	
DELAY02:	MOV	R5,#250	
DELAY03:	DJNZ	R5,DELAY03	
	DJNZ	R6,DELAY02	
	DJNZ	R7,DELAY01	
	RET		;返回
TABLE:	DB	0FFH,00H,0FFH	;花样 1 的数据
	DB	0FEH,0FDH,0FBH,0F7H,7FH,0BFH,0DFH,0EFH	;花样 2 的数据
	DB	01H	;结束标志数据
	END		;结束程序

注意：在程序中,如果需要用一个数据作为结束标志数,那么这个数必须是程序中不使用的数。如程序中的 01H,在程序中不用这个数。

2. 生成可执行文件

将上面的两种方法编写的程序分别生成可执行文件（".hex"文件）,装入到图 2-2 所示电路（在 PROTUES 环境下的仿真电路）的 CPU 中进行仿真。

3. 烧录程序

将生成的".hex"文件烧录到 AT89S51CPU 芯片中,将烧好的 CPU 芯片插入主板 CPU 插座,将线连接好,观察结果。

任务 2　可控霹雳灯的设计与制作

● 学习目标

1）熟悉计数循环指令的功能及使用方法。

2）熟悉延时程序的编程。

3）熟悉转移指令的功能及使用方法。

4）熟悉比较跳转指令的功能及使用方法。

5）熟悉子程序操作指令的功能及使用方法。

● 工作任务

1）能设计按键的输入电路原理图。

2）能编写按键的防抖动程序。

3）能设计程序控制霹雳灯按要求亮、灭。

4）能选择单片机主板的输出口与输入电路连接。

5）能联机调试，最终实现霹雳灯编程智能电子产品的制作。

任务2-1 分析任务并写出设计方案

一、分析任务

本任务中霹雳灯的亮、灭是可控的，控制元器件可用开关或按钮，当拨动开关时灯亮，再拨动开关时灯灭。

二、设计方案

可控霹雳灯的控制有两种方案：

1）一个开关控制一个灯，即当一个开关拨下去时，其对应的一只 LED 亮，当开关拨上去时，其对应的一只 LED 灭。

2）一个开关控制一种花样，即三个开关控制三种花样。

● 想一想、议一议

1. 如果实现一个一个地控制灯亮灭，如何实现？

2. 如果控制霹雳灯有不同的花样，又如何实现？

● 读一读

要想探讨上面的问题，先读一读本项目"相关知识2"中2-3节的内容。

任务2-2 在 PROTUES 环境下设计仿真电路图

根据自己设计的方案，在 PROTUES 环境下设计图 2-20 所示的仿真电路图。步骤如下：

1）启动 PROTUES 仿真软件。

2）根据表 2-7，在 PROTUES 元器件库中选择元器件。

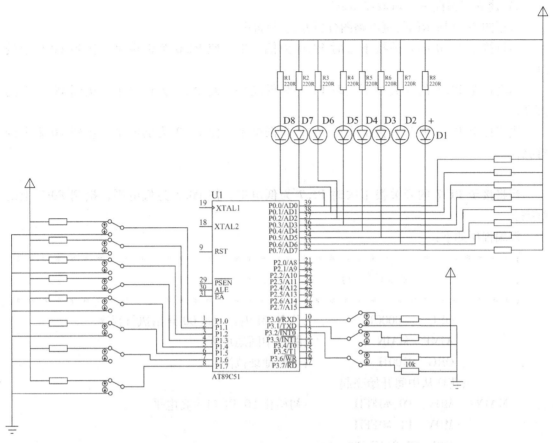

图 2-20 可控霹雳灯的仿真电路图

表 2-7   元器件表

元器件名称	所属类	所属子类
AT89C51（单片机）	Microprocessor ICs	8051 Family
LED-RED（发光二极管-红色）	Optoelectronics	LEDS
MINRES220R（电阻 220Ω）	Resistors	All Sub
SW-SPDT（开关）	Switches & Relays	Switches

3）设计图 2-20 所示的仿真电路图。

4）保存仿真电路图文件，文件名为"霹雳灯_2"。

● 想一想、议一议

还有没有其他设计仿真电路图的方案呢？

任务 2-3   设计实现控制每个灯的程序并仿真

1）建立工程"Tast2-2"。

2）建立汇编程序 "Tast2-2. asm"。

根据图 2-20 所示的仿真电路图分析并设计程序：

当将接至 P1.0 的开关拨下去时 P1.0 为低电平，使 P0.0 为低电平，接到 P0.0 上的灯亮；

当将接至 P1.1 的开关拨下去时 P1.1 为低电平，使 P0.1 为低电平，接到 P0.1 上的灯亮；

当将接至 P1.2 的开关拨下去时 P1.2 为低电平，使 P0.2 为低电平，接到 P0.2 上的灯亮；

……

当将接至 P1.7 的开关拨下去时 P1.7 为低电平，使 P0.7 为低电平，接到 P0.7 上的灯亮。

汇编程序如下：

```
;********************************
;              控制每个灯
;********************************
          ORG    0000H        ;从 RAM 内存地址 00 开始执行程序
          AJMP  MAIN          ;跳过中断地址区
          ORG   0100H         ;中断地址范围
          ;花样从中间开始亮起
MAIN:     MOV   P0,#0FFH      ;初始化 P0、P1 口为高电平
          MOV   P1,#0FFH
          JNB   P1.0,HYD0
          SETB  P0.0
          JNB   P1.1,HYD1
          SETB  P0.1
          JNB   P1.2,HYD2
          SETB  P0.2
          JNB   P1.3,HYD3
          SETB  P0.3
          JNB   P1.4,HYD4
          SETB  P0.4
          JNB   P1.5,HYD5
          SETB  P0.5
          JNB   P1.6,HYD6
          SETB  P0.6
          JNB   P1.7,HYD7
          SETB  P0.7
          AJMP  MAIN
          ;亮灯
```

```
HYD0：    CLR   P0.0
          ACALL   DELAY            ;调用延时子程序
          LJMP   MAIN
HYD1：    CLR   P0.1
          ACALL   DELAY            ;调用延时子程序
          LJMP   MAIN
HYD2：    CLR   P0.2
          ACALL   DELAY            ;调用延时子程序
          LJMP   MAIN
HYD3：    CLR   P0.3
          ACALL   DELAY            ;调用延时子程序
          LJMP   MAIN
HYD4：    CLR   P0.4
          ACALL   DELAY            ;调用延时子程序
          LJMP   MAIN
HYD5：    CLR   P0.5
          ACALL   DELAY            ;调用延时子程序
          LJMP   MAIN
HYD6：    CLR   P0.6
          ACALL   DELAY            ;调用延时子程序
          LJMP   MAIN
HYD7：    CLR   P0.7
          ACALL   DELAY            ;调用延时子程序
          LJMP   MAIN

DELAY：     MOV   R7,#10           ;延时约1s
DELAY01：   MOV   R6,#200
DELAY02：   MOV   R5,#250
DELAY03：   DJNZ   R5,DELAY03
            DJNZ   R6,DELAY02
            DJNZ   R7,DELAY01
            RET                    ;返回
            END                    ;结束程序
```

3）建立可执行文件"Tast2-2.hex"。

4）在图2-20中进行仿真。

● 想一想、议一议

可不可以不用延时呢？如果LED是共阴极，该如何编写程序？

任务2-4 设计实现可控霹雳灯的程序并仿真

1）建立工程"Tast2-3"。

2）建立汇编程序"Tast2-3. asm"。

程序设计分析：当将接至 P3.0 的开关拨下去时 P3.0 为低电平，这时使接到 P0 口上的灯为第一种花样；当将接至 P3.1 的开关拨下去时 P3.1 为低电平，这时使接到 P0 口上的灯为第二种花样；当将接至 P3.2 的开关拨下去时 P3.2 为低电平，这时使接到 P0 口上的灯为第三种花样，从而实现了可控霹雳灯（花样灯）。

汇编程序如下：

```
;* * * * * * * * * * * * * * * * * * * * * * * * * * * * * *
;                    花样灯
;* * * * * * * * * * * * * * * * * * * * * * * * * * * * * *
            ORG   0000H      ;从 RAM 内存地址 00 开始执行程序
            AJMP  MAIN       ;跳过中断地址区
            ORG   0100H      ;中断地址范围
;花样从中间开始亮起
MAIN：      MOV  P0,#0FFH    ;初始化 P0、P1 口为高电平
            MOV  P1,#0FFH
            SETB  P3.0
            SETB  P3.1
            SETB  P3.2
            JNB   P3.0,HYD1   ;跳转到花样 1
            JNB   P3.1,HYD2   ;跳转到花样 2
            JNB   P3.2,HYD3   ;跳转到花样 3
            AJMP  MAIN
HYD1：      MOV  DPTR,#TABLE
ST1：       MOV  A,#00H
            MOVC  A,@ A + DPTR
            CJNE  A,#01H,ST2
            AJMP  MAIN
ST2：       MOV  P0,A
            ACALL  DELAY
            INC   DPTR
            AJMP  ST1        ;跳转到花样灯开始的地方
;亮灯是从右向左走,采用循环处理
HYD2：      MOV  R2,#8       ;用于循环计数,每次只循环 8 次
            MOV  A,#0FEH     ;[FE]的二进制码,为 11111110,置为 0 的引脚就会亮灯
```

```
LIMS:      MOV    P0,A
           ACALL  DELAY        ;调用延时子程序延时关闭
           RL     A            ;累加器内容左移一位,执行后 A 中的值为 11111101
           DJNZ   R2,LIMS      ;检查 R2,不等于 0 则跳转到 LIMS 子程序处,
                               ;并从 R2 中减 1
           AJMP   MAIN
HYD3:      MOV    P0,#00H
           ACALL  DELAY
           MOV    P0,#0FFH
           ACALL  DELAY
           AJMP   MAIN

DELAY:     MOV    R7,#10       ;延时约 1s
DELAY01:   MOV    R6,#200
DELAY02:   MOV    R5,#250
DELAY03:   DJNZ   R5,DELAY03
           DJNZ   R6,DELAY02
           DJNZ   R7,DELAY01
           RET                 ;返回
TABLE:     DB     0E7H,0DBH,0BDH,7EH,0FFH
           DB     7EH,0BDH,0DBH,0E7H,0FFH
           DB     01H
           END                 ;结束程序
```

3）建立可执行文件"Tast2-3. hex"。

4）在图 2-20 中进行仿真。

● **想一想、议一议**

如何改写程序,使灯有不同的花样?

任务 2-5　烧录程序及软硬件联调

1. 烧录程序

将编制好的"tast2-3. hex"文件烧录到 AT89S51 CPU 中。

2. 软硬件联调

1) 霹雳灯电路控制板与主板按表 2-8 进行连接。

表 2-8　参考连线表

序　号	主　板	霹雳灯电路控制板
连接 1	5V/GND	5V/GND
连接 2	P1.0 ~ P1.7	J1_0 ~ J1_7
连接 3	P0.0 ~ P0.7	J2_0 ~ J2_7
连接 4	P3.0 ~ P3.2	J4_0 ~ J4_2

说明：主板上 P0 口的 8 位口线与霹雳灯电路控制板 J2 的 8 个孔接线端分别连接；主板上 P1 口的 8 位口线与霹雳灯电路控制板 J1 的 8 个孔接线端分别连接；主板上 P0 口的 8 位与霹雳灯电路控制板 J2 的 8 个孔接线端分别连接；主板上 P3 口的 P3.0 ~ P3.2 位与霹雳灯电路控制板 J4 的 3 个孔接线端分别连接。

2) 根据电路图编写霹雳灯汇编程序。

3) 将编制好的 ".hex" 文件烧录到 AT89S51 CPU 中。

4) 将烧录好的 CPU 芯片装到主板的 CPU 插座上。

5) 将主板与霹雳灯电路控制板连接好，并接上 5V 电源。

6) 运行程序，观察二极管的亮灭情况。

7) 填写表 2-9 所示的调试记录表。

表 2-9　调试记录表

调试项目	调试结果	原因分析

● 想一想、议一议

如果将霹雳灯电路控制板 J1 的 8 个接线端分别与主板上 CPU 的 P2 口的 8 根线连接，J2 的 8 个接线端分别与主板上 CPU 的 P3 口的 8 根线连接，J4_0 ~ J4_2 与 P1.0 ~ P1.2 连接，如何修改程序可实现相同功能？

任务2-6 写项目设计报告

项目2 设计报告

姓名		班级	
项目名称：			
目　标：			
项目设计方案：			

本项目所选用的电子元器件：

元器件名称	型　号	数　量

项目中用到的知识及技能：
测试方法：
项目设计及制作中遇到的问题及解决办法：
我的收获：

● 项目工作检验与评估

考核项目及分值	学生自评分	项目小组长评分	老师评分
现场5S工作(工作纪律、工具整理、现场清扫等)(10分)			
设计方案(5分)			
在PROTUES环境下设计原理图(10分)(自己设计加5分)			
绘制焊接图,错一处扣1分(5分)			
电路板制作(10分)			
程序流程图设计,错、漏一处扣3分(10分)			
在Keil环境下进行程序设计(20分)			
烧录程序(5分)			
上电测试,元器件焊错扣2分、一个虚焊点扣1分(15分)			
设计报告(10分)			
总　分			

● 经验总结

1. 调试经验

1) 当发光二极管不能正常发光时:

① 查看电源是否接好。

② 查看主板与霹雳灯电路控制板连接线是否接好。

③ 查看霹雳灯电路控制板是否虚焊。

④ 查看发光二极管是否焊接反向,是否烧坏。

⑤ 查看限流电阻的阻值是否正确,LED的驱动电路必须加限流电阻,一般可取一百欧至几百欧,视电源电压而定。

2) 如果电路没有问题,就查看CPU程序烧录是否有问题。(可重新烧录一次)

2. 焊接经验

1) 发光二极管极性不得接反,一般引线较长的为正极,引线较短的为负极。

2) 使用中各项参数不得超过规定极限值。正向电流 I_F 不允许超过极限工作电流 I_{FM} 值,并且随着环境温度的升高,必须作降额使用。长期使用温度不宜超过75℃。

3) 焊接时间应尽量短,焊点不能在管脚根部。焊接时应使用镊子夹住管脚根部以利于散热,宜用中性助焊剂(松香)或选用松香焊锡丝。

4) 严禁用有机溶液浸泡或清洗。

3. 检查发光二极管好坏的经验

1) 发光二极管具有单向导电性,使用 $R \times 10k$ 档可测出其正、反向电阻。一般正向电阻应小于30kΩ,反向电阻应大于1MΩ。若正、反向电阻均为零,说明其内部击穿短路。若正、反向电阻均为无穷大，证明其内部开路。

2）测量一只型号不明的发光二极管，其步骤如下：

① 判定正、负极。用 MF30 型万用表的 $R \times 10k$ 档测得正向电阻为 26kΩ，反向电阻接近无穷大。测正向电阻时，黑表笔接的就是正极。

② 将两块 MF30 型万用表均拨至 $R \times 1$ 档采用双表测量，被测管发出艳丽的红光。若把发光二极管的极性反接，加上反向电压时被测管就不能发光。

③ 将两块万用表拨至 $R \times 10$ 档，被测管发光暗淡。

实际上发光二极管本身尚有 1.5～2.5V 的电压降，因此上述结果均留有一定余量。

假如不知道被测发光二极管的正向电压，建议先把两块表都拨到 $R \times 10$ 档，若发光很暗，再改拨至 $R \times 1$ 档。

● 巩固提高练习

一、理论题

（一）填空题

1. 一台计算机的指令系统就是它所能执行的_____集合。

2. 以助记符形式表示的计算机指令就是它的_____语言。

3. 按长度分，MCS-51 指令有_____字节的、_____字节的和_____字节的。

4. 在寄存器寻址方式中，指令中指定寄存器的内容就是_____。

5. 在直接寻址方式中，只能使用_____位二进制数作为直接地址，因此其寻址对象只限于_____。

6. 在寄存器间接寻址方式中，其"间接"体现在指令中寄存器的内容不是操作数的_____。

7. 在变址寻址方式中，以_____作变址寄存器，以_____或_____作基址寄存器。

8. 在相对寻址方式中，寻址得到的结果是_____。

9. 长转移指令 LJMP addr16 使用的是_____寻址方式。

10. 假定外部数据存储器 2000H 单元的内容为 80H，执行下列指令后，累加器 A 中的内容为_____。

```
MOV     P2,#20H
MOV     R0,#00H
MOVX    A,@R0
```

11. 假定累加器 A 的内容为 30H，执行指令"1000H：MOVC A，@A+PC"后，把程序存储器_____单元的内容送入累加器 A 中。

12. 假定 DPTR 的内容为 8100H，累加器 A 的内容为 40H，执行指令"MOVC A，@A+DPTR"后，送入 A 的是程序存储器_____单元的内容。

13. 假定（SP）=60H，（ACC）=30H，（B）=70H。执行下列指令：

```
PUSH    ACC
PUSH    B
```

之后，SP 的内容为_____，61H 单元的内容为_____，62H 单元的内容为_____。

14. 假定（SP）=62H，（61H）=30H，（62H）=70H。执行下列指令：

```
POP        DPH
POP        DPL
```

之后，DPTR 的内容为_____，SP 的内容为_____。

15. 假定（A）=85H，（R0）=20H，（20H）=0AFH。执行下列指令：

```
ADD        A,@R0
```

之后，累加器 A 的内容为_____，CY 的内容为_____，AC 的内容为_____，OV 的内容为_____。

16. 假定（A）=85H，（20H）=0FFH，（CY）=1。执行下列指令：

```
ADDC       A,20H
```

之后，累加器 A 的内容为_____，CY 的内容为_____，AC 的内容为_____，OV 的内容为_____。

17. 假定（A）=0FFH，（R3）=0FH，（30H）=0F0H，（R0）=40H，（40H）=00H。执行下列指令：

```
INC        A
INC        R3
INC        30H
INC        @R0
```

之后，累加器 A 的内容为_____，R3 的内容为_____，30H 的内容为_____，40H 的内容为_____。

18. 假定（A）=56H，（R5）=67H。执行下列指令：

```
ADD        A,R5
DA
```

之后，累加器 A 的内容为_____，CY 的内容为_____。

19. 假定（A）=0FH，（R7）=19H，（30H）=00H，（R1）=40H，（40H）=0FFH。执行下列指令：

```
DEC        A
DEC        R7
DEC        30H
DEC        @R1
```

之后，累加器 A 的内容为_____，R7 的内容为_____，30H 的内容为_____，40H 的内容为_____。

20. 假定（A）=50H，（B）=0A0H。执行下列指令：

```
MUL        AB
```

之后，寄存器 B 的内容为_____，累加器 A 的内容为_____，CY 的内容为_____，OV 的内容为_____。

21. 假定（A）=0FBH，（B）=12H。执行下列指令：

```
DIV        AB
```

之后，累加器 A 的内容为＿＿＿＿＿，寄存器 B 的内容为＿＿＿＿＿，CY 的内容为＿＿＿＿＿，OV 的内容为＿＿＿＿＿。

22. 假定（A）=0C5H，执行下列指令：

```
        SWAP        A
```

之后，累加器 A 的内容为＿＿＿＿＿。

23. 执行下列指令：

```
        MOV         C,P1.0
        ANL         C,P1.1
        ANL         C,/P1.2
        MOV         P3.0,C
```

之后，所实现的逻辑运算式为＿＿＿＿＿。

24. 假定 addr11 =00100000000B，标号 qaz 的地址为 1030H。执行下列指令：

```
        qaz：AJMP     addr11
```

之后，程序转移到地址＿＿＿＿＿去执行。

25. DPTR 是 MCS-51 中唯一一个十六位寄存器，在程序中常用来作为 MOVC 指令的访问程序存储器的＿＿＿＿＿使用。

26. 在 MCS-51 中，PC 和 DPTR 都用于提供地址，但 PC 是为访问＿＿＿＿＿存储器提供地址，而 DPTR 是为访问＿＿＿＿＿存储器提供地址。

27. 在位操作中，能起到与字节操作中相同的累加器作用的是＿＿＿＿＿。

28. 累加器 A 中存放着一个其值小于等于 127 的 8 位无符号数，CY 清 "0" 后执行 RLC A 指令，则 A 中的数变为原来的＿＿＿＿＿倍。

（二）选择题

在下列各题的 A、B、C、D 四个选项中，只有一个是正确的，请选出来。

1. 在相对寻址方式中，寻址的结果体现在（　　）。

A. PC 中　　　　　　　　B. 累加器 A 中

C. DPTR 中　　　　　　　D. 某个存储单元中

2. 在相对寻址方式中，"相对" 两个字是指相对于（　　）。

A. 地址偏移量 rel　　　　B. 当前指令的首地址

C. 当前指令的末地址　　　D. DPTR 值

3. 在寄存器间接寻址方式中，指定寄存器中存放的是（　　）。

A. 操作数　　　　　　　　B. 操作数地址

C. 转移地址　　　　　　　D. MOVC 指令

二、设计题

1. 根据设计的电路板，试设计一个汇编程序，实现霹雳灯两两向左移动，然后再两两向右移动。

2. 根据设计的电路板，试设计一个汇编程序，实现 16 个灯逐个闪烁，每个闪烁 5 次。

相关知识 2

2-1 51 系列单片机的 I/O 端口及应用

在 51 系列单片机中有四个双向的 8 位 I/O 端口 P0～P3，在无外部存储器的系统中，这四个 I/O 端口的每一位都可以作为准双向通用 I/O 端口使用。在具有外部存储器的系统中，P0 口作为地址线的低 8 位以及双向数据总线，P2 口作为高 8 位地址线。这四个口除了按字节寻址外，还可以按位寻址。

2-1-1 P0 口

图 2-21 给出了 P0 口位结构图，它由一个锁存器、两个三态输入缓冲器、一个多路复用开关以及控制电路和驱动电路等组成。

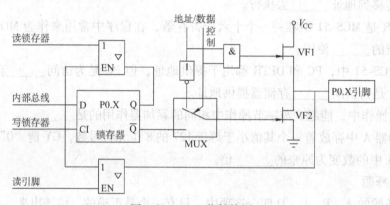

图 2-21 P0 口位结构图

P0 口可以作为输入/输出口，在实际应用中它通常作为地址/数据复用总线。在访问外部存储器时，P0 口是真正的双向口。由图 2-21 可知，当 P0 口输出地址/数据信息时，控制信号为高电平 "1"，模拟开关 MUX 将地址/数据线与场效应晶体管 VF2 接通，同时与门输出有效，于是输出的地址/数据信息通过与门后去驱动 VF1，同时通过反相器后驱动 VF2。若地址/数据线为 "1"，则 VF1 导通，VF2 截止，P0 口输出为 "1"；反之 VF1 截止，VF2 导通，P0 口输出为 "0"。当数据从 P0 口输入时，读引脚使三态缓冲器打开，端口上的数据经缓冲器后送到内部总线。

当 P0 口作为通用 I/O 端口时，CPU 向端口输出数据，此时，写信号与触发器的时钟线相连，于是内部总线上的数据经反相后出现在 Q 端，再经 VF2 反相后输出到 P0 口，输出数据经过两次倒相后相位不变，但是由于 VF2 为漏极开路输出，故此时必须外接上拉电阻。

当 P0 口作为输入时，由于信号加载在 VF2 上被送入三态缓冲器，若该接口此前刚锁存过数据 "0"，则 VF2 是导通的，VF2 的输出被钳位在 "0" 电平，此时输入的 "1" 无法读入，所以当 P0 口作为通用 I/O 端口时，在输入数据前，必须向端口写 "1"，使 VF2 截止。不过当在访问外部存储器时，CPU 会自动向 P0 口写 "1"。

有时需要先将端口的数据读入，经过修改后再输出到端口，如果此时 P0 口的负载正好是晶体管的基极，并且其输出为"1"，这必然导致该引脚为低电平，若此时读取引脚信号，则会将刚输出的"1"误读为"0"，为了避免这类误读的错误，于是单片机还提供了读锁存器的功能。例如执行"INC P0"时，CPU 先读 P0 锁存器中的数据，然后再执行加 1 操作，最后将结果送回 P0 口。这样单片机就从结构上满足了"读——修改——写"这类操作的需要。

2-1-2 P1 口

P1 口是一个准双向口，通常作为 I/O 端口使用，其位结构图如图 2-22 所示。由于在其输出端接有上拉电阻，故可以直接输出而无需外接上拉电阻。同 P0 口一样，当 P1 口作为输入时，必须先向对应的锁存器写"1"，使场效应晶体管截止，同时值得一提的是它可以被任何数字逻辑电路驱动，其中包括 TTL 电路、MOS 电路和 OC 电路。

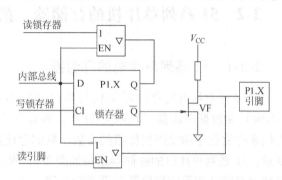

图 2-22　P1 口位结构图

2-1-3 P2 口

P2 口位结构图如图 2-23 所示。P2 口为一个准双向口，其位结构与 P0 口相似。当系统外接外部存储器时，它输出高 8 位地址，此时 MUX 在 CPU 的控制下接通地址信号。同时它还可作为通用 I/O 端口使用，此时 MUX 接通锁存器的 Q 端。对于 8051 系列单片机来说，P2 口通常用作地址信号输出。

2-1-4 P3 口

P3 口位结构图如图 2-24 所示。P3 口为双功能口，当 P3 口作为通用 I/O 端口使用时，它为准双向口，且每位都可定义为输入或输出口，其工作原理同 P1 口类似。

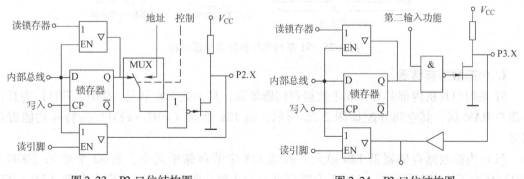

图 2-23　P2 口位结构图　　　　图 2-24　P3 口位结构图

P3 口还具有第二功能，其引脚功能见表 2-10。对于输出而言，此时相应位的锁存器必须输出为"1"，这样才能有效输出第二功能。对于输入而言，无论该位是作为通用输入口还是作为第二功能输入口，相应的锁存器和选择输出功能端都应置"1"，这个工作在开机

56

或复位时完成。

表 2-10　P3 口第二功能各引脚功能

引　　脚	功　　能	引　　脚	功　　能
P3.0	RXD 串行口输入	P3.4	T0（定时器 0）外部输入
P3.1	TXD 串行口输出	P3.5	T1（定时器 1）外部输入
P3.2	INT0（外部中断 0）输入	P3.6	WR 外部写控制
P3.3	INT1（外部中断 1）输入	P3.7	RD 外部读控制

2-2　51 系列单片机的存储器、指令格式与寻址方式

2-2-1　51 系列单片机的存储器

51 系列单片机的存储器结构与常见的微型计算机的配置方式不同，它把程序存储器（ROM）和数据存储器（RAM）分开，各有自己的寻址系统、控制信号和功能。程序存储器用来存放程序和始终要保留的常数，数据存储器通常用来存放程序运行中所需要的常数或变量。51 系列单片机的存储器结构如图 2-25 所示。下面将对单片机的内部数据存储器、外部数据存储器和程序存储器分别进行介绍。

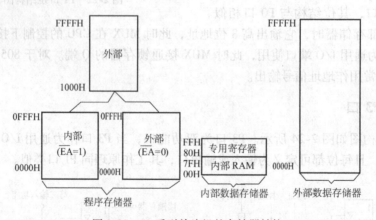

图 2-25　51 系列单片机的存储器结构

1. 内部数据存储器

51 系列单片机内部共有 256 个数据存储器单元，其中低 128 单元（00H ~ 7FH）为真正的用户 RAM 区，其空间分配如图 2-26 所示。高 128 单元（80H ~ FFH）为特殊功能寄存器区。

（1）内部数据存储器低 128 单元　在低 128 字节存储单元中，前 32 个单元（00H ~ 1FH）作为工作寄存器使用，这 32 个寄存器分为 4 组，每组由 8 个通用寄存器（R0 ~ R7）组成，组号依次为 0、1、2 和 3。通过对程序状态字中 RS1 和 RS0 的设置，可以决定选用哪一组工作寄存器，通常没有选中的单元也可作为一般的数据缓存器使用。系统上电复位时，默认选中第 0 组寄存器。表 2-11 中给出了工作寄存器地址表。

表 2-11　工作寄存器地址表

组号	RS1	RS0	R0	R1	R2	R3	R4	R5	R6	R7
0	0	0	00H	01H	02H	03H	04H	05H	06H	07H
1	0	1	08H	09H	0AH	0BH	0CH	0DH	0EH	0FH
2	1	0	10H	11H	12H	13H	14H	15H	16H	17H
3	1	1	18H	19H	1AH	1BH	1CH	1DH	1EH	1FH

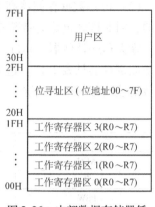

图 2-26　内部数据存储器低
128 单元的空间分配

工作寄存器中 R0 和 R1 可以进行直接寻址或间接寻址，而 R2 ~ R7 只可以进行直接寻址。通用寄存器为 CPU 提供了数据就近存取的便利，大大提高了单片机的处理速度。

工作寄存器的后 16 个数据单元（20H ~ 2FH）既可以作为一般的数据单元使用，还可以按位对每个单元进行操作，因此这 16 个数据单元又称为位寻址区。位寻址区共计 128 位，其位地址为 00H ~ 7FH，内部 RAM 位寻址区的位地址见表 2-12。

表 2-12　内部 RAM 位寻址区的位地址

单元地址	MSB(最高有效位)						位地址 LSB(最低有效位)	
2FH	7FH	7EH	7DH	7CH	7BH	7AH	79H	78H
2EH	77H	76H	75H	74H	73H	72H	71H	70H
2DH	6FH	6EH	6DH	6CH	6BH	6AH	69H	68H
2CH	67H	66H	65H	64H	63H	62H	61H	60H
2BH	5FH	5EH	5DH	5CH	5BH	5AH	59H	58H
2AH	57H	56H	55H	54H	53H	52H	51H	50H
29H	4FH	4EH	4DH	4CH	4BH	4AH	49H	48H
28H	47H	46H	45H	44H	43H	42H	41H	40H
27H	3FH	3EH	3DH	3CH	3BH	3AH	39H	38H
26H	37H	36H	35H	34H	33H	32H	31H	30H
25H	2FH	2EH	2DH	2CH	2BH	2AH	29H	28H
24H	27H	26H	25H	24H	23H	22H	21H	20H
23H	1FH	1EH	1DH	1CH	1BH	1AH	19H	18H
22H	17H	16H	15H	14H	13H	12H	11H	10H
21H	0FH	0EH	0DH	0CH	0BH	0AH	09H	08H
20H	07H	06H	05H	04H	03H	02H	01H	00H

在内部 RAM 的低 128 个单元中，剩余的 80 个数据单元即 30H ~ 7FH 为真正的用户 RAM 区，对于这些区域，用户只能以存储单元的形式来使用，通常在应用中也把堆栈开辟在这段区域。

（2）内部数据存储器高128单元　内部数据存储器的高128个单元是为专用寄存器提供的，因此该区也称为特殊功能寄存器（SFR）区，它们主要用于存放控制指令、状态或数据。除去程序计数器（PC）外，还有21个特殊功能寄存器，其地址空间为80H～FFH，特殊功能寄存器见表2-13。这21个寄存器中有11个特殊功能寄存器具有位寻址能力，它们的字节地址刚好能被8整除。

表2-13　51系列单片机特殊功能寄存器

符　号	名　称	地　址
* ACC	累加器	E0H
* B	寄存器B	F0H
* PSW	程序状态字	D0H
SP	栈指针	81H
DPTR	数据指针（DPH，DPL）	83H，82H
* P0	P0口锁存器	80H
* P1	P1口锁存器	90H
* P2	P2口锁存器	A0H
* P3	P3口锁存器	B0H
* IP	中断优先级控制寄存器	B8H
* IE	中断允许控制寄存器	A8H
TMOD	定时器/计数器工作方式、状态寄存器	89H
+ * T2CON	定时器/计数器2控制寄存器	C8H
* TCON	定时器/计数器控制寄存器	88H
TH0	定时器/计数器0（高字节）	8CH
TL0	定时器/计数器0（低字节）	8AH
TH1	定时器/计数器1（高字节）	8DH
TL1	定时器/计数器1（低字节）	8BH
* SCON	串行口控制寄存器	98H
SBUF	串行数据缓冲器	99H
PCON	电源控制寄存器	97H

注：凡是标有"＊"号的特殊功能寄存器既可按位寻址，也可直接按字节寻址；凡是标有"＋"号的特殊功能寄存器仅8052型才有。

1）累加器ACC。累加器为8位寄存器，是程序中最常用的专用寄存器，在指令系统中累加器的助记符为A。大部分单操作数指令的操作取自累加器，很多双操作数指令的一个操作数也取自累加器。加、减、乘和除等算术运算指令的运算结果都存放在累加器A或寄存器B中，在变址寻址方式中累加器被作为变址寄存器使用。在51系列单片机中由于只有一个累加器，而单片机中的大部分数据操作都是通过累加器进行的，故累加器的使用是十分频繁的。

2）寄存器B。寄存器B为8位寄存器，主要用于乘、除指令中。乘法指令的两个操作数分别取自累加器A和寄存器B，其中B为乘数，乘法结果的高8位存放于寄存器B中，低8位存放于累加器A中。除法指令中，被除数取自A，除数取自B，除法的结果商数存放于A，余数存放于B中。在其他指令中，寄存器B也可作为一般的数据单元来使用。

3）程序状态字PSW。程序状态字是一个8位寄存器，它包含程序的状态信息。在状态字中，有些状态位是根据指令执行结果由硬件自动完成设置的，而有些状态位则必须通过软件方法设定。PSW 中的每个状态位都可由软件读出，PSW 的各状态位定义见表 2-14。

表 2-14　PSW 的各状态位定义

位序	PSW.7	PSW.6	PSW.5	PSW.4	PSW.3	PSW.2	PSW.1	PSW.0
位标志	CY	AC	F0	RS1	RS0	OV	/	P

① CY：进位标志位。在执行某些算术和逻辑运算指令时，可以被硬件或软件置位或清零。在算术运算中它可作为进位标志，在位运算中，它作为累加器使用，在位传送、位与和位或等位操作中，都要使用进位标志位。

② AC：辅助进位标志位。进行加法或减法操作时，当发生低 4 位向高 4 位进位或借位时，AC 由硬件置位，否则 AC 位被清零。在进行十进制调整指令时，将借助 AC 状态进行判断。

③ F0：用户标志位。该位为用户定义的状态标记，用户根据需要用软件对其置位或清零，也可以用软件测试 F0 来控制程序的跳转。

④ RS1 和 RS0：寄存器区选择控制位。该两位通过软件置"0"或"1"来选择当前工作寄存器区，RS1 和 RS0 的选择见表 2-11。

⑤ OV：溢出标志位。当执行算术类指令时，由硬件置位或清零来指示溢出状态。在带符号的加减运算中，OV =1 表示加减运算结果超出了累加器 A 所能表示的符号数有效范围（ -128 ~127），即运算结果是错误的；反之，OV =0 表示运算正确，即无溢出产生。

无符号数乘法指令 MUL 的执行结果也会影响溢出标志，若置于累加器 A 和寄存器 B 的两个数的乘积超过了 255，则 OV =1；反之 OV =0。由于乘积的高 8 位存放于寄存器 B 中，低 8 位存放于累加器 A 中，OV =0 则意味着只要从累加器 A 中取得乘积即可。在除法运算中，DIV 指令也会影响溢出标志，当除数为 0 时，OV =1，否则 OV =0。

⑥ P：奇偶标志位。每个指令周期由硬件来置位或清零用以表示累加器 A 中 1 的个数的奇偶性，若累加器中 1 的个数为奇数，则 P =1，否则 P =0。

4）数据指针 DPTR。数据指针 DPTR 为一个 16 位的专用寄存器，其高位用 DPH 表示，其低位用 DPL 表示，它既可以作为一个 16 位的寄存器来使用，也可作为两个 8 位的寄存器 DPH 和 DPL 来使用。DPTR 在访问外部数据存储器时既可用来存放 16 位地址，也可作为地址指针使用。如 MOVX@ DPTR，A。

5）I/O 端口 P0 ~ P3。P0 ~ P3 为四个 8 位的特殊功能寄存器，分别是四个并行 I/O 端口的锁存器，当 I/O 端口的某一位作为输入时，对应的锁存器必须先置"1"。

6）定时器/计数器。在 51 系列单片机中，除 8032/8052 外都只有两个 16 位定时器/计数器 T0 和 T1，它们由两个相互独立的 8 位寄存器组成 TH 和 TL，共有四个独立的寄存器 TH0、TL0、TH1 和 TL1，只可对这四个寄存器独立寻址，而不能作为一个 16 位寄存器来寻址。

7）串行数据缓冲器。串行数据缓冲器（SBUF）用于存放将要发送或已接收的数据，它由发送缓冲器和接收缓冲器组成，将要发送的数据被送入 SBUF 时进入发送缓冲器，反之进入接收缓冲器。

2. 外部数据存储器

在 51 系列单片机中，其外部数据存储器和 I/O 端口与内部数据存储器空间 0000FH ~ FFFFH 是重叠的。在 8051 系列单片机中采用 MOV 和 MOVX 两种指令来区分内部、外部 RAM 空间，其中内部 RAM 使用 MOV 指令，外部 RAM 和 I/O 端口使用 MOVX 指令。

3. 程序存储器

在 MCS-51 系列单片机中，程序存储器被用来存放程序、常数或表格等。在 8051 中，其内部有 4KB 的 ROM 存储单元，地址为 0000H ~ 0FFFH。8751 有 4KB 的 EPROM，而 8052 和 8752 则有 8KB 的内部程序存储器。8031 和 8032 无内部程序存储器，所以内部程序存储器的有无是区分芯片的主要标志之一。

对于 8051 和 8751，除了 4KB 的内部程序存储器外，还有用 16 位地址扩展总线扩展的 64KB 外部程序存储器，两者统一进行编址。当 EA（31 脚）接 "1" 时，内部程序存储器占用 0000H ~ 0FFFH，故外部程序存储器的寻址范围为 1000H ~ FFFFH；当 EA（31 脚）接 "0" 时，51 系列单片机均从外部程序存储器取指令，这时外部程序存储器可以从 0000H 开始编址。对于 8031 和 8032，由于无内部程序存储器，它们的 EA 端必须接地。

在程序存储器中，以下 6 个单元具有特殊含义：

0000H：单片机复位后，PC = 0000H，程序从 0000H 开始执行指令。

0003H：外部中断 0 入口地址。

000BH：定时器 0 中断入口地址。

0013H：外部中断 1 入口地址。

001BH：定时器 1 中断入口地址。

0023H：串行口中断入口地址。

在系统实现中断之后，将自动跳转到各中断入口地址处执行程序，而中断服务程序一般无法存放于几个单元之内，因此在中断入口地址处往往存放一条无条件转移指令进行跳转，以便执行中断服务程序。

2-2-2　51 系列单片机的指令格式

计算机的指令系统是表征计算机性能的重要指标，每种计算机都有自己的指令系统。51 系列单片机的指令系统是一个具有 255 种代码的集合，绝大多数指令包含两个基本部分：操作码和操作数。操作码表明指令要执行的操作的性质；操作数说明参与操作的数据或数据所存放的地址。

51 系列单片机指令系统中的所有程序指令是以机器语言形式表示的，可分为单字节、双字节、三字节三种格式，汇编指令与指令代码举例见表 2-15。

表 2-15　汇编指令与指令代码举例

代码字节	指令代码	汇编指令	指令周期
单字节	84	DIV　AB	四周期
单字节	A3	INC　DPTR	双周期
双字节	7410	MOV　A,#10H	单周期
三字节	B440　rel	CJNE　A,#40H,LOOP	双周期

用二进制编码表示的机器语言由于阅读困难，且难以记忆，因此在微机控制系统中采用汇编语言指令来编写程序。本书介绍的 51 系列单片机指令系统就是以汇编语言来描述的。

指令格式：一条汇编语言指令中最多包含 4 个区段，即

标号：　操作码　目的操作数，源操作数　；注释

注意：

◆ 标号与操作码之间"："隔开。

◆ 操作码与操作数之间用"空格"隔开。

◆ 目的操作数和源操作数之间用"，"隔开。

◆ 操作数与注释之间用"；"隔开。

1）标号由用户定义的符号组成，必须用英文大写字母开始。标号可有可无，若一条指令中有标号，则标号代表该指令所存放的第一个字节存储单元的地址，故标号又称为符号地址，在汇编时，把该地址赋值给标号。

2）操作码是指令的功能部分，又称为助记符，不能缺省。51 系列单片机指令系统中共有 42 种助记符，代表了 33 种不同的功能。例如 MOV 是数据传送的助记符。

3）操作数是指令要操作的数据信息。根据指令的不同功能，操作数的个数为 1～3 个或没有操作数。

例如：　MOV　A,#20H

该条指令包含了两个操作数 A 和#20H，它们之间用"，"隔开。

4）注释可有可无，加入注释主要是为了便于阅读，程序设计者对指令或程序段作简要的功能说明，在阅读程序或调试程序时将会带来很多方便。

2-2-3　51 系列单片机的寻址方式

所谓寻址方式，通常是指某一个 CPU 指令系统中规定的寻找操作数所在地址的方式，或者说通过什么方式找到操作数。寻址方式是衡量 CPU 性能的一个重要因素，51 系列单片机有 7 种寻址方式。

1. 立即寻址方式

立即寻址方式是操作数包括在指令字节中，指令操作码后面字节的内容就是操作数本身，其数值由程序员在编制程序时指定，以指令字节的形式存放在程序存储器中。立即数只能作为源操作数，不能作为目的操作数。

例如：　MOV　A,#52H　　　　　；A←52H

　　　　MOV　DPTR,#5678H　　；DPTR←5678H

立即寻址方式示意图如图 2-27 所示。

2. 直接寻址方式

直接寻址方式是指在指令中含有操作数的直接地址，该地址指出了参与操作的数据所在的字节地址或位地址。

例如：

"MOV　A,52H"指把内部 RAM52H 单元的内容送入累加器 A 中。

"MOV　52H,A"指把 A 的内容传送给内部 RAM 的 52H 单元中。

"MOV　50H,60H"指把内部 RAM 60H 单元的内容送到 50H 单元中。

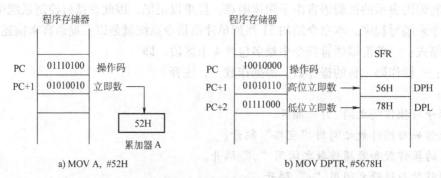

a) MOV A, #52H   b) MOV DPTR, #5678H

图 2-27　立即寻址方式示意图

"MOV IE, #40H" 指把立即数 40H 送到中断允许寄存器 IE。IE 为专用功能寄存器,其字节地址为 0A8H。该指令等价于 "MOV 0A8H, #40H"。

"INC 60H" 指将地址 60H 单元中的内容自加 1。

直接寻址方式示意图如图 2-28 所示。

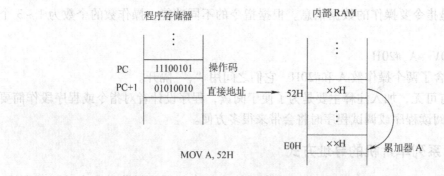

MOV A, 52H

图 2-28　直接寻址方式示意图

在 51 系列单片机指令系统中,直接寻址方式可以访问两种存储空间:

1) 内部数据存储器的低 128 个字节单元 (00H ~ 7FH)。

2) 80H ~ FFH 中的特殊功能寄存器 (SFR)。

这里要注意,指令 "MOV A, #52H" 与指令 "MOV A, 52H" 是有区别的,后者表示把内部 RAM 字节地址为 52H 单元的内容传送到累加器 A 中。

3. 寄存器寻址方式

由指令指出某一个寄存器中的内容作为操作数,这种寻址方式称为寄存器寻址方式。寄存器一般指累加器 A 和工作寄存器 R0 ~ R7。例如:

```
MOV  A,Rn       ;A←(Rn)
MOV  Rn,A       ;Rn←(A)
MOV  B,A        ;B←(A)
```

其中, n 为 0 ~ 7 之一, Rn 是工作寄存器。

寄存器寻址方式的寻址范围包括:

1) 寄存器寻址的主要对象是通用寄存器,共有 4 组 32 个通用寄存器,但寄存器寻址只能使用当前寄存器组。因此指令中的寄存器名称只能是 R0 ~ R7。在使用本指令前,需通过对 PSW 中 RS1、RS0 位的状态设置，来进行当前寄存器组的选择。

2）部分专用寄存器。累加器 A、寄存器 B 以及数据指针（DPTR）等。

4. 寄存器间接寻址方式

由指令指出某一个寄存器的内容作为操作数的地址，这种寻址方式称为寄存器间接寻址方式。这里要注意，在寄存器间接寻址方式中，存放在寄存器中的内容不是操作数，而是操作数所在的存储器单元地址。

寄存器间接寻址方式只能使用寄存器 R0 或 R1 作为地址指针，来寻址内部 RAM（00H ~ FFH）中的数据。寄存器间接寻址也适用于访问外部 RAM，可使用 R0、R1 或 DPTR 作为地址指针。寄存器间接寻址用符号"@"表示。例如：

  MOV R0,#60H   ;R0←60H

  MOV A,@R0   ;A←((R0))

指令功能是把 R0 所指出的内部 RAM 地址 60H 单元中的内容送入累加器 A。假定（60H）=3BH，则指令的功能是将 3BH 这个数送到累加器 A。

例如： MOV DPTR,#3456H ;DPTR←3456H

  MOVX A,@DPTR   ;A←((DPTR))

指令功能是把 DPTR 所指的那个外部 RAM 的内容传送给 A，假设（3456H）=99H，指令运行后（A）=99H。

同样，"MOVX@DPTR，A"和"MOV@R1，A"也都是寄存器间接寻址方式。寄存器间接寻址方式示意图如图 2-29 所示。

5. 基址寄存器加变址寄存器间接寻址方式

这种寻址方式用于访问程序存储器中的数据表格，它以基址寄存器（DPTR 或 PC）的内容为基本地址，加上变址寄存器（累加器 A）的内容形成 16 位的地址，访问程序存储器中的数据表格。

例如： MOVC A,@A+DPTR

  MOVC A,@A+PC

  JMP@ A+DPTR

  MOVC A,@A+DPTR

基址寄存器加变址寄存器间接寻址方式示意图如图 2-30 所示。

6. 位寻址方式

51 系列单片机中设有独立的位处理器。位指令能对内部 RAM 中的位寻址区（20H ~ 2FH）和某些有位地址的特殊功能寄存器进行位操作。也就是说，位指令可对位地址空间的每个位进行位状态传送、状态控制、逻辑运算操作。例如：

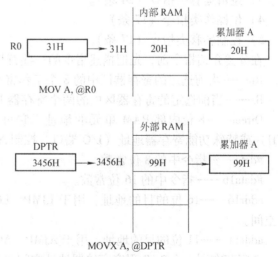

图 2-29 寄存器间接寻址方式示意图

  SETB TR0   ;TR0←1

  CLR 00H   ;(00H)←0

  MOV C,57H   ;将 57H 位地址的内容传送到位累加器 C 中

ANL　C,5FH　　　　　　　;将 5FH 位地址的内容与进位位 C 相与,结果存放在 C 中

7. 相对寻址方式

相对寻址方式以程序计数器 PC 的当前值作为基地址,与指令中给出的相对偏移量 rel 进行相加,把所得之和作为程序的转移地址。这种寻址方式用于相对转移指令中,指令中的相对偏移量是一个 8 位带符号数,用补码表示,可正可负,转移的范围为 -128 ~127。使用中应注意 rel 的范围不要超出。例如:

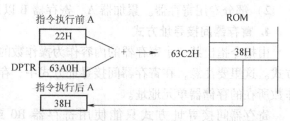

图 2-30　基址寄存器加变址寄存器间接寻址方式示意图

JZ　LOOP

DJNE　R0,DISPLAY

其中,"LOOP" 和 "DISPLAY" 为代表地址的标号。

2-2-4　指令分类

51 系列单片机的指令系统有 42 种助记符,代表了 33 种功能,指令助记符与各种可能的寻址方式相结合,共构成 111 条指令。在这些指令中,单字节指令有 49 条,双字节指令有 45 条,三字节指令有 17 条;从指令执行的时间来看,单周期指令有 64 条,双周期指令有 45 条,只有乘法、除法两条指令的执行时间是 4 个机器周期。

按指令的功能不同,51 系列单片机指令系统可分为以下 5 类:

1) 数据传送类指令 (29 条)。
2) 算术运算类指令 (24 条)。
3) 逻辑运算类指令 (24 条)。
4) 位操作类指令 (17 条)。
5) 控制转移类指令 (17 条)。

在分类介绍指令前,先把描述指令的一些符号的意义进行简单介绍。

Rn——当前选定的寄存器区中的 8 个工作寄存器 R0 ~ R7,即 n = 0 ~7。

Ri——当前选定的寄存器区中的两个寄存器 R0、R1,i = 0、1。

Direct——8 位内部 RAM 单元的地址,它可以是一个内部数据区 RAM 单元(00H ~ 7FH)或特殊功能寄存器地址(I/O 端口、控制寄存器、状态寄存器 80H ~ 0FFH)。

#data——指令中的 8 位常数。

#data16——指令中的 16 位常数。

addr16——16 位的目的地址,用于 LJMP、LCALL 指令,可指向 64KB 程序存储器的地址空间。

addr11——11 位的目的地址,用于 AJMP、ACALL 指令。目的地址必须与下一条指令的第一个字节在同一个 2KB 程序存储器地址空间之内。

rel——8 位带符号的偏移量字节,用于 SJMP 和所有条件转移指令中。偏移量相对于下一条指令的第一个字节计算,在 -128 ~ 127 范围内取值。

bit——内部 RAM 或特殊功能寄存器中的可直接寻址位。

DPTR——数据指针,可作为 16 位的地址寄存器。

A——累加器。

B——寄存器，用于 MUL 和 DIV 指令中。

C——进位标志或进位位。

@——间接寄存器或基址寄存器的前缀，如@ Ri，@ DPTR。

/——位操作的前缀，表示对该位取反。

（X）——X 中的内容。

（（X））——由 X 寻址的单元中的内容。

←——箭头左边的内容被箭头右边的内容所替代。

2-3 数据传送类指令

数据传送类指令一般的操作是把源操作数传送到指令所指定的目标地址。指令执行后，源操作数保持不变，目的操作数由源操作数所替代。

数据传送类指令用到的助记符有：MOV、MOVX、MOVC、XCH、XCHD、PUSH、POP、SWAP。

数据传送类指令一般不影响标志，只有一种堆栈操作可以直接修改程序状态字（PSW），这样，可能使某些标志位发生变化。

1. 以累加器 A 为目的操作数的内部数据传送指令

MOV	A,Rn	;A←（Rn）
MOV	A,direct	;A←（direct）
MOV	A,@ Ri	;A←（（Ri））
MOV	A,#data	;A←data

这组指令的功能是：把源操作数的内容送入累加器 A。例如"MOV A,#10H"，该指令执行时，将立即数 10H（在 ROM 中紧跟在操作码后）送入累加器 A 中。

2. 数据传送到工作寄存器 Rn 的指令

MOV	Rn,A	;Rn←（A）
MOV	Rn,direct	;Rn←（direct）
MOV	Rn,#data	;Rn←data

这组指令的功能是：把源操作数的内容送入当前工作寄存器区的 R0 ~ R7 中的某一个寄存器。指令中 Rn 在内部数据存储器中的地址由当前的工作寄存器区选择位 RS1、RS0 确定，可以是 00H ~ 07H、08H ~ 0FH、10H ~ 17H、18H ~ 1FH。例如"MOV R0，A"，若当前 RS1、RS0 设置为 00，执行该指令时，将累加器 A 中的数据传送至工作寄存器 R0（内部 RAM 00H）单元中。

3. 数据传送到内部 RAM 单元或特殊功能寄存器 SFR 的指令

MOV	direct,A	;direct←（A）
MOV	direct,Rn	;direct←（Rn）
MOV	direct1,direct2	;direct1←（direct2）
MOV	direct,@ Ri	;direct←（（Ri））
MOV	direct,#data	;direct←#data
MOV	@ Ri,A	;（Ri）←（A）

MOV	@Ri,direct	;(Ri)←(direct)
MOV	@Ri,#data	;(Ri)←data
MOV	DPTR,#data16	;DPTR←data16

这组指令的功能是：把源操作数的内容送入内部 RAM 单元或特殊功能寄存器。其中第3 条指令和最后 1 条指令都是三字节指令。第 3 条指令的功能很强，能实现内部 RAM 之间、特殊功能寄存器之间或特殊功能寄存器与内部 RAM 之间的直接数据传送。最后一条指令是将 16 位的立即数送入数据指针 DPTR 中。

内部 RAM 及寄存器的数据传送指令 MOV、PUSH 和 POP 共 18 条，如图 2-31 所示。

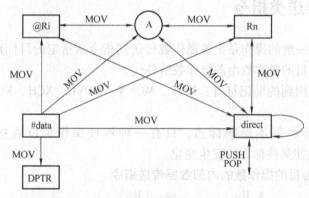

图 2-31　内部 RAM 及寄存器的数据传送指令

4. 累加器 A 与外部数据存储器之间的传送指令

MOVX	A,@DPTR	;A←(DPTR)
MOVX	A,@Ri	;A←((Ri))
MOVX	@DPTR,A	;(DPTR)←A
MOVX	@Ri,A	;(Ri)←A

这组指令的功能是在累加器 A 与外部数据存储器之间进行数据传送。前两条指令执行时，单片机 P3.7 引脚上输出有效信号，作为外部数据存储器的读选通信号；后两条指令执行时，单片机 P3.6 引脚上输出有效信号，作为外部数据存储器的写选通信号。DPTR 所包含的 16 位地址信息由 P0（低 8 位）和 P2（高 8 位）输出，而数据信息由 P0 口传送，P0 口作为分时复用的总线。由 Ri 作为间接寻址寄存器时，P0 口上分时传送 Ri 指定的 8 位地址信息及 8 位数据，指令的寻址范围只限于外部数据存储器的低 256 个单元。

外部数据存储器的数据传送指令 MOVX 共 4 条，如图 2-32 所示。

图 2-32　累加器 A 与外部数据存储器之间的传送指令

5. 程序存储器与累加器 A 之间的传送指令

MOVC	A,@A+PC
MOVC	A,@A+DPTR

这是两条很有用的查表指令，可用来查找存放在外部程序存储器中的常数表格。第一条指令是以 PC 作为基址寄存器，A 的内容作为无符号数和 PC 的内容（下一条指令的起始地址）相加后得到一个 16 位的地址，并将该地址指出的程序存储器单元的内容送到累加器 A。

这条指令的优点是不改变 PC 的状态，只要根据 A 的内容就可以取出表格中的常数；缺点是表格只能放在该条指令后面的 256 个单元中，表格的大小受到了限制，而且表格只能被一段程序所利用。第二条指令是以 DPTR 作为基址寄存器，累加器 A 的内容作为无符号数与 DPTR 内容相加，得到一个 16 位的地址，并把该地址指出的程序存储器单元的内容送到累加器 A。这条指令的执行结果只与指针 DPTR 及累加器 A 的内容有关，与该指令存放的地址无关，因此，表格的大小和位置可以在 64KB 程序存储器中任意安排，并且一个表格可以为多个程序块所公用。程序存储器的查表指令 MOVC 共两条，如图 2-33 所示。

图 2-33　片外数据存储器数据传送指令

6. 堆栈操作指令

    PUSH   direct
    POP   direct

这两条指令是堆栈操作指令。在 51 系列单片机的内部 RAM 中，可以设定一个先进后出、后进先出的区域，称其为堆栈。在特殊功能寄存器中有一个堆栈指针（SP），它指出栈顶的位置。进栈指令的功能是：首先将堆栈指针 SP 的内容加 1，然后将直接地址所指出的内容送入 SP 所指出的内部 RAM 单元。出栈指令的功能是：将 SP 所指出的内部 RAM 单元的内容送入由直接地址所指出的字节单元，接着将 SP 的内容减 1。

例如，进入中断服务程序时，把程序状态寄存器 PSW、累加器 A 和 DPTR 进栈保护。设当前 SP 为 60H，则程序段：

    PUSH   PSW
    PUSH   A
    PUSH   DPL
    PUSH   DPH

执行之后，SP 内容修改为 64H，而 61H、62H、63H、64H 单元中依次栈入 PSW、A、DPL、DPH 的内容，当中断服务程序结束之前，设置下面程序段（SP 保持 64H 不变）：

    POP   DPH
    POP   DPL
    POP   A
    POP   PSW

执行之后，SP 内容修改为 60H，而 64H、63H、62H、61H 单元的内容依次弹出到 DPH、DPL、A、PSW 中。

51 系列单片机提供一个向上的堆栈，因此 SP 设置初值时，要充分考虑堆栈的深度，要留出适当的单元空间，满足堆栈的使用。

7. 数据交换指令

数据交换主要是在内部 RAM 单元与累加器 A 之间进行，有整字节和半字节两种交换。数据交换指令 XCH、XCHD 和 SWAP 共 5 条，如图 2-34 所示。

（1）整字节交换指令　整字节交换指令有以下三条：

    XCH   A,Rn   ;(A)⇆(Rn)
    XCH   A,direct   ;(A)⇆(direct)

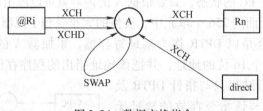

图 2-34 数据交换指令

XCH A,@Ri ;(A)⇆((Ri))

（2）半字节交换指令 字节单元与累加器 A 进行低 4 位的半字节数据交换。只有一条指令，即

XCHD A,@Ri

（3）累加器 A 高低半字节交换指令 只有一条指令，即

SWAP A

例如:(R0)=30H,(A)=65H,(30H)=8FH,执行指令:

XCH A,@R0 ;(R0)=30H,(A)=8FH,(30H)=65H
XCHD A,@R0 ;(R0)=30H,(A)=6FH,(30H)=85H
SWAP A ;(A)=56H

2-4 控制转移类指令

控制转移类指令共有 17 条，不包括按布尔变量控制程序转移的指令。其中，有 64KB 范围的长调用、长转移指令；有 2KB 范围的绝对调用和绝对转移指令；有全空间的长相对转移和一页范围内的短相对转移指令；还有多种条件转移指令。由于 51 系列单片机提供了较丰富的控制转移类指令，因此在编程上相当灵活方便。这类指令用到的助记符共有 10 种：AJMP、LJMP、SJMP、JMP、ACALL、LCALL、JZ、JNZ、CJNE、DJNZ。

1. 无条件转移指令

（1）绝对转移指令

AJMP addr11

这是 2KB 范围内的无条件跳转指令，执行该指令时，先将 PC+2，然后将 addr11 送入 PC10~PC0，而 PC15~PC11 保持不变。这样即可得到跳转的目的地址。需要注意的是，目标地址与 AJMP 后一条指令的第一个字节必须在同一个 2KB 的存储器区域内。这是一条二字节指令，其指令的机器代码为

A10A9A8	0 0 0 0 1
A7 A6A5 A4 A3 A2A1 A0	

操作过程可表示为：PC←(PC)+2

PC10~0←addr11

例如程序存储器的 2070H 地址单元的绝对转移指令：

2070H AJMP 16AH (00101101010B)

因此指令的机器代码为

0 0 1	0 0 0 0 1
0 1 1 0 1 0 1 0	

程序计数器 PC$_{当前}$ = PC + 2 = 2070H + 02H = 2072H，取其高 5 位 00100 和指令机器代码给出的 11 位地址 00101101010，最后形成的目的地址为：0010 0001 0110 1010B = 216AH。

（2）相对转移指令

       SJMP   rel

执行指令时，先将 PC + 2，再把指令中带符号的偏移量加到 PC 上，得到跳转的目的地址送入 PC，即

目标地址 = 源地址 + 2 + rel

源地址是 SJMP 指令操作码所在的地址。相对偏移量 rel 是一个用补码表示的 8 位带符号数，转移范围为当前 PC 值的 - 128 ~ 127 共 256 个单元。

若偏移量 rel 取值为 FEH（ - 2 的补码），则目标地址等于源地址，相当于动态停机，程序终止在这条指令上，停机指令在调试程序时很有用。51 系列单片机没有专用的停机指令，若要求动态停机可用 SJMP 指令来实现：

HERE：SJMP   HERE   ;动态停机(80H,FEH)

或写成"HERE：SJMP $"，"$"表示本指令首字节所在单元的地址，使用它可省略标号。

（3）长跳转指令

       LJMP   addr16   ;PC←addr16

执行该指令时，将 16 位目标地址 addr16 装入 PC，程序无条件转向指定的目标地址。转移指令的目标地址可在 64KB 程序存储器地址空间的任何地方，不影响任何标志。

（4）间接转移指令（散转指令）

       JMP   @A + DPTR   ;PC←(A) + (DPTR)

这条指令的功能是把累加器 A 中的 8 位无符号数与数据指针 DPTR 的 16 位数相加（模 2^{16}），相加之和作为下一条指令的地址送入 PC 中，不改变 A 和 DPTR 的内容，也不影响标志位。间接转移指令采用变址方式实现无条件转移，其特点是转移地址可以在程序运行中加以改变。例如，当把 DPTR 作为基地址且确定时，根据 A 的不同值就可以实现多分支转移，故一条指令可完成多条条件判断转移指令功能。这种功能称为散转功能，所以间接转移指令又称为散转指令。

2. 条件转移指令

      JZ   rel   ;(A) = 0 转移

      JNZ   rel   ;(A) ≠ 0 转移

这类指令是依据累加器 A 的内容是否为 0 的条件转移指令。条件满足时转移（相当于一条相对转移指令），条件不满足时则顺序执行下面一条指令。转移的目标地址在以下一条指令的起始地址为中心的 256 个字节范围之内（ - 128 ~ 127）。当条件满足时，PC←(PC) + 2 + rel，其中（PC）为该条件转移指令的第一个字节的地址。

3. 比较转移指令

在 51 系列单片机中没有专门的比较指令，但提供了下面 4 条比较转移指令：

```
CJNE    A,direct,rel      ;(A)≠(direct)转移
CJNE    A,#data,rel       ;(A)≠data 转移
CJNE    Rn,#data,rel      ;(Rn)≠data 转移
CJNE    @Ri,#data,rel     ;((Ri))≠data 转移
```

这组指令的功能是：比较前面两个操作数的大小，如果它们的值不相等则转移。转移地址的计算方法与上述两种指令相同。如果第一个操作数（无符号整数）小于第二个操作数，则进位标志 CY 置"1"，否则清"0"，但不影响任何操作数的内容。

4. 减 1 不为 0 转移指令

```
DJNZ    Rn,rel            ;Rn←(Rn)-1≠0 转移
DJNZ    direct,rel        ;direct←(direct)-1≠0 转移
```

这两条指令把源操作数减 1，结果回送到源操作数中去，如果结果不为 0 则转移。

5. 调用及返回指令

在程序设计中，通常把具有一定功能的公用程序段编成子程序，当子程序需要使用子程序时用调用指令，而在子程序的最后安排一条子程序返回指令，以便执行完子程序后能返回主程序继续执行。

（1）绝对调用指令

```
ACALL   addr11
```

这是一条 2KB 范围内的子程序调用指令，其指令机器代码为

A10	A9	A8	1	0	0	0	1
A7	A6	A5	A4	A3	A2	A1	A0

执行该指令时，其操作过程如下：

```
PC←PC+2
SP←(SP)+1,(SP)←(PC)7~0
SP←(SP)+1,(SP)←(PC)15~8
PC10~0←addr11
```

（2）长调用指令

```
LCALL   addr16
```

这条指令无条件调用位于 16 位地址 addr16 的子程序。执行该指令时，先将 PC+3 以获得下一条指令的首地址，并把它压入堆栈（先低字节后高字节），SP 内容加 2，然后将 16 位地址放入 PC 中，转去执行以该地址为入口的程序。LCALL 指令可以调用 64KB 范围内任何地方的子程序。指令执行后不影响任何标志位。其操作过程如下：

```
PC←PC+3
SP←(SP)+1,(SP)←(PC)7~0
SP←(SP)+1,(SP)←(PC)15~8
PC10~0←addr16
```

（3）子程序返回指令

RET

子程序返回指令是把栈顶相邻两个单元的内容弹出送到 PC，SP 的内容减 2，程序返回 PC 所指的指令处执行。RET 指令通常安排在子程序的末尾，使程序能从子程序返回到主程序。

（4）中断返回指令

RETI

这条指令的功能与 RET 指令相类似。它通常安排在中断服务程序的最后。

（5）空操作指令

NOP   ;PC←PC + 1

空操作指令也是 CPU 控制指令，它没有使程序转移的功能，只消耗一个机器周期的时间，常用于程序的等待或时间的延迟。

2-5 位操作类指令

51 系列单片机内部有一个性能优异的位处理器，实际上是一个一位的位处理器，它有自己的位变量操作运算器、位累加器（借用进位标志 CY）和存储器（位寻址区中的各位）等。51 系列单片机指令系统加强了对位变量的处理能力，具有丰富的位操作类指令。位操作类指令的操作对象是内部 RAM 的位寻址区，即字节地址为 20H ~ 2FH 单元中连续的 128 位（位地址为 00H ~ 7FH），以及特殊功能寄存器中可以进行位寻址的各位。位操作类指令包括布尔变量的传送、逻辑运算、控制转移等指令，它共有 17 条指令，所用到的助记符有 MOV、CLR、CPL、SETB、ANL、ORL、JC、JNC、JB、JNB、JBC 共 11 种。

在布尔处理器中，进位标志 CY 的作用相当于 CPU 中的累加器 A，通过 CY 完成位的传送和逻辑运算。指令中，位地址的表达方式有以下几种：

1）直接地址方式：如 0A8H。

2）点操作符方式：如 IE. 0。

3）位名称方式：如 EX_0。

4）用户定义名方式。如用伪指令 BIT 定义：

WBZD0   BIT EX_0

经定义后，允许指令中使用 WBZD0 代替 EX_0。

以上四种方式都是指允许中断控制寄存器 IE 中的位 0（外部中断 0 允许位 EX_0），它的位地址是 0A8H，而名称为 EX_0，用户定义名为 WBZD0。

1. 位数据传送指令

MOV   C, bit   ;CY←(bit)

MOV   bit, C   ;bit←(CY)

这组指令的功能是：把源操作数指出的布尔变量送到目的操作数指定的位地址单元，其中一个操作数必须为进位标志 CY，另一个操作数可以是任何可直接寻址位。

2. 位变量修改指令

CLR   C   ;CY←0

CLR   bit   ;bit←0

```
     CPL    C          ;CY←(/CY)
     CPL    bit        ;bit←(/bit)
     SETB   C          ;CY←1
     SETB   bit        ;bit←1
```

这组指令对操作数所指出的位进行清"0"、取反和置"1"的操作，不影响其他标志位。

3. 位变量逻辑与指令

```
     ANL    C,bit      ;CY←(CY)∧(bit)
     ANL    C,/bit     ;CY←(CY)∧(/bit)
```

4. 位变量逻辑或指令

```
     ORL    C,bit      ;CY←(CY)∨(bit)
     ORL    C,/bit     ;CY←(CY)∨(/bit)
```

5. 位变量条件转移指令

```
     JC     rel        ;若(CY)=1,则转移,PC←(PC)+2+rel
     JNC    rel        ;若(CY)=0,则转移,PC←(PC)+2+rel
     JB     bit,rel    ;若(bit)=1,则转移,PC←(PC)+3+rel
     JNB    bit,rel    ;若(bit)=0,则转移,PC←(PC)+3+rel
     JBC    bit,rel    ;若(bit)=1,则转移,PC←(PC)+3+rel,并 bit←0
```

这组指令的功能是：当某一特定条件满足时，执行转移操作指令（相当于一条相对转移指令）；条件不满足时，顺序执行下面的一条指令。前 4 条指令在执行中不改变条件位的布尔值，最后 1 条指令，在转移时将 bit 清"0"。

例 2-1 指出下列程序段的每条指令的源操作数是什么寻址方式，并写出每步运算的结果。设程序存储器（1050H）=5AH。

解：

```
     MOV    A,#0FH              ;A=0FH,立即寻址
     MOV    30H,#0F0H           ;(30H)=F0H,立即寻址
     MOV    R2,A                ;R2=0FH,寄存器寻址
     MOV    R1,#30H             ;R1=30H,立即寻址
     MOV    A,@R1               ;A=F0H,寄存器间接寻址
     MOV    DPTR,#1000H         ;DPTR=1000H,立即寻址
     MOV    A,#50H              ;A=50H,立即寻址
     MOVC   A,@A+DPTR           ;A=5AH,基址寄存器加变址寄存器间接寻址
     JMP    @A+DPTR             ;PC 目标=105AH,基址寄存器加变址寄存器间接寻址
     CLR    C                   ;C=0,寄存器寻址
```

例 2-2 用数据传送类指令实现下列要求的数据传送。

（1）R0 的内容输出到 R1。

（2）内部 RAM 20H 单元的内容传送到 A 中。

（3）外部 RAM 30H 单元的内容送到 R0。

（4）外部 RAM 30H 单元的内容送到内部 RAM 20H 单元。

（5）外部 RAM 1000H 单元的内容送到内部 RAM 20H 单元。

（6）程序存储器 ROM 2000H 单元的内容送入 R1。

（7）ROM 2000H 单元的内容送入内部 RAM 20H 单元。

（8）ROM 2000H 单元的内容送入外部 RAM 30H 单元。

（9）ROM 2000H 单元的内容送入外部 RAM 1000H 单元。

解：（1）　　　MOV　A,R0

　　　　　　　MOV　R1,A

（2）　　　　　MOV　A,20H

（3）　　　　　MOV　R0,#30H　　　　　或　　　MOV　R1,#30H

　　　　　　　MOVX　A,@ R0　　　　　　　　　MOVX　A,@ R1

　　　　　　　MOV　R0,A　　　　　　　　　　　MOV　R0,A

（4）　　　　　MOV　R0,#30H　　　　　或　　　MOV　R1,#30H

　　　　　　　MOVX A,@ R0　　　　　　　　　MOVX　A,@ R1

　　　　　　　MOV　20H,A　　　　　　　　　　MOV　20H,A

（5）　　　　　MOV　DPTR,#1000H

　　　　　　　MOVX　A,@1000H

　　　　　　　MOV　20H,A

（6）　　　　　MOV　DPTR,#2000H

　　　　　　　CLR　A

　　　　　　　MOVC　A,@ A + DPTR

　　　　　　　MOV　R1,A

（7）　　　　　MOV　DPTR,#2000H

　　　　　　　CLR　A

　　　　　　　MOVC　A,@ A + DPTR

　　　　　　　MOV　20H,A

（8）　　　　　MOV　DPTR,#2000H

　　　　　　　CLR　A

　　　　　　　MOVC　A,@ A + DPTR

　　　　　　　MOV　R0,#30H

　　　　　　　MOVX　@ R0,A

（9）　　　　　MOV　DPTR,#2000H

　　　　　　　CLR　A

　　　　　　　MOVC　A,@ A + DPTR

　　　　　　　MOV　DPTR,#1000H

　　　　　　　MOVX　@ DPTR,A

2-6　逻辑运算类指令

逻辑运算类指令共有 24 条，分为简单逻辑操作指令、逻辑与指令、逻辑或指令和逻辑异或指令。逻辑运算类指令用到的助记符有 CLR、CPL、ANL、ORL、XRL、RL、RLC、RR、RRC。

1. 简单逻辑操作指令

CLR	A	;对累加器 A 清"0"
CPL	A	;对累加器 A 按位取反
RL	A	;累加器 A 的内容向左循环移 1 位
RLC	A	;累加器 A 的内容带进位标志向左循环移 1 位
RR	A	;累加器 A 的内容向右循环移 1 位
RRC	A	;累加器 A 的内容带进位标志向右循环移 1 位

各指令示意图如图 2-35 所示。

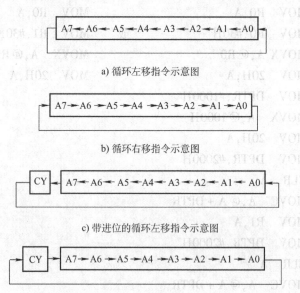

a) 循环左移指令示意图

b) 循环右移指令示意图

c) 带进位的循环左移指令示意图

d) 带进位的循环右移指令示意图

图 2-35 逻辑运算类指令示意图

这组指令的功能是：对累加器 A 的内容进行简单的逻辑操作。除了带进位的移位指令外，其他都不影响 CY、AC、OV 等标志位。

2. 逻辑与指令

ANL	A,Rn	;A←(A)∧(Rn)
ANL	A,direct	;A←(A)∧(direct)
ANL	A,@Ri	;A←(A)∧((Ri))
ANL	A,#data	;A←(A)∧data
ANL	direct,A	;direct←(direct)∧(A)
ANL	direct,#data	;direct←(direct)∧data

这组指令的功能是：将两个操作数的内容按位进行逻辑与操作，并将结果送回目的操作数的单元中。例如：(A)=37H，(R0)=0A9H，执行指令"ANL A, R0"，结果：(A)=21H。

3. 逻辑或指令

ORL	A,Rn	;A←(A)∨(Rn)

ORL	A,direct	;A←(A)∨(direct)
ORL	A,@Ri	;A←(A)∨((Ri))
ORL	A,#data	;A←(A)∨data
ORL	direct,A	;direct←(direct)∨(A)
ORL	direct,#data	;direct←(direct)∨data

这组指令的功能是：将两个操作数的内容按位进行逻辑或操作，并将结果送回目的操作数的单元中。例如：(A)=37H，(P1)=09H，执行指令"ORL P1,A"，结果：(A)=3FH。

4. 逻辑异或指令

XRL	A,Rn	;A←(A)⊕(Rn)
XRL	A,direct	;A←(A)⊕(direct)
XRL	A,@Ri	;A←(A)⊕((Ri))
XRL	A,#data	;A←(A)⊕data
XRL	direct,A	;direct←(direct)⊕(A)
XRL	direct,#data	;direct←(direct)⊕data

这组指令的功能是：将两个操作数的内容按位进行逻辑异或操作，并将结果送回目的操作数的单元中。

项目3 自动计数报警器的设计与制作

自动计数报警器的使用处处可见。如自动计数报警器用在酒厂的打包机上，打包机要将6瓶酒包为一箱，传输机传一瓶计数器就加1，当传满6瓶时，计数器就报警，传输机暂停，让打包机打包。自动计数报警器用途很广，它是如何实现的呢？本项目将设计并制作一个小的自动计数报警器，来揭示其中的奥秘。

● 项目目标与要求

能使用合适的电子元器件设计实现报警的电路。
能画出实现自动计数报警的程序流程图。
能根据要求编写实现自动计数报警的程序。
能联机调试，最终实现自动计数报警器的设计与制作。
能在 PROTUES 环境下进行仿真，并对软硬件进行联调。

● 项目工作任务

自动计数报警器显示模块及接口电路的设计与制作。
实现自动计数报警器的软件设计。
写项目设计报告。

● 项目任务书

工作任务	任务实施流程
任务1 实现自动计数和报警的软件设计	任务1-1 分析任务并写出设计方案
	任务1-2 设计实现自动计数程序并仿真
	任务1-3 设计实现报警程序并仿真
任务2 自动计数报警器显示模块及接口电路的设计与制作	任务2-1 分析任务并写出设计方案
	任务2-2 设计实现自动计数报警器程序并仿真
	任务2-3 制作自动计数报警器的电路板
	任务2-4 烧录程序及软硬件联调
	任务2-5 写项目设计报告

任务1　实现自动计数和报警的软件设计

● 学习目标

1）理解定时器/计数器的工作模式。

2）掌握 TMOD 和 TCON 初值设置的方法。

3）熟悉 TH_x 与 TL_x 的初值计算方法。

4）熟悉加1、减1指令和 BCD 调整指令的使用方法。

5）熟悉实现自动计数报警器的程序设计方法。

● 工作任务

1）能根据设计任务书要求选择定时器/计数器的工作模式。

2）能根据设计任务书要求设置 TMOD 和 TH_x、TL_x 的初值。

3）能根据要求及电路图结构编写实现自动计数报警的程序。

任务1-1　分析任务并写出设计方案

一、分析任务

1）显示数码管初始状态为"00"。

2）当按下按钮时，将向单片机的 P3.4 脚输入了一个低电平，此时定时器/计数器能对工件进行计数。

3）显示数码管能及时显示计数的数字。

4）当计数到规定的件数时，开始报警并停止传送操作；同时计数器清零，显示数字复位到"00"。

5）延时 2s 再重复上面的过程。

6）以上的过程只要在 PROTUES 环境下仿真成功即可。

二、设计方案

1. 数码管显示计数值的设计

根据上面分析，设计数码管的方案有以下三种：

1）用两位共阴极的数码管。

2）用两位共阳极的数码管。

3）选用 74LS47 驱动共阳极数码管。

2. 报警器的设计

用一蜂鸣器作报警发声器件，仿真蜂鸣器的发声。

三、启动控制设计

为方便仿真，用一个按钮作启动按钮。

● 想一想、议一议

1. 如果选用共阴极数码管，还能不能用 74LS47 驱动？
2. 还有没有其他设计方案？

● 读一读

要想探讨上面的问题，先读一读本项目"相关知识 3"中 3-1 节的内容。

任务1-2 设计实现自动计数程序并仿真

1. 设计仿真电路图

在 PROTUES 环境下设计图 3-1 所示的自动计数器仿真电路图。步骤如下：

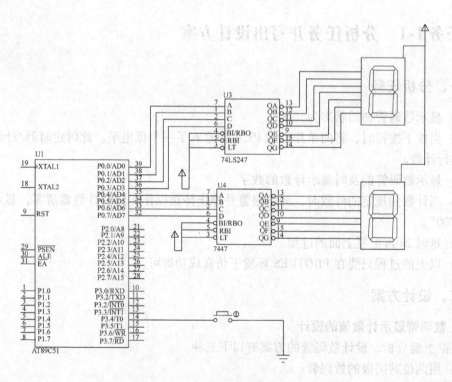

图 3-1 自动计数器仿真电路图

1）启动 PROTUES 仿真软件。
2）根据表 3-1，在 PROTUES 元器件库中选择元器件。

表 3-1　元器件表

元器件名称	所属类	所属子类
AT89C51（单片机）	Microprocessor ICs	8051Family
BUTTON（按钮）	Switches & Relays	Switches
74LS47	TTL 74Ls series	All Sub

3）设计图 3-1 所示的仿真电路图。

4）保存仿真电路图文件，文件名为"自动计数器"。

2. 设计实现自动计数的程序

步骤如下：

1）启动 Keil 软件。

2）在 Keil 环境下编辑以下汇编程序，实现 0～99 自动计数。

程序 1：

```
            ORG     0000H
            AJMP    MAIN
            ORG     0100H
MAIN：      SETB    P3.4
            MOV     R3,#00H
LOOP1：     JNB     P3.4,START
            SJMP    LOOP1
START：     MOV     P0,R3
            LCALL   DELAY1s
            XCH     A,R3
            ADD     A,#01
            DA      A
            XCH     A,R3
            AJMP    LOOP1
;延时
DELAY1s：   MOV     R7,#10        ;延时约1s
DELAY01：   MOV     R6,#200       ;延时约100ms
DELAY02：   MOV     R5,#250
DELAY03：   DJNZ    R5,DELAY03
            DJNZ    R6,DELAY02
            DJNZ    R7,DELAY01
            RET                   ;返回
            END
```

程序 2：

```
Count       EQU     30H
```

```
SP1        BIT      P3.4
           ORG      0
START:     MOV      Count,#00H
NEXT:      MOV      A,Count
           MOV      B,#10
           DIV      AB
           MOV      DPTR,#TABLE
           MOVC     A,@A+DPTR
           MOV      P0,A
           MOV      A,B
           MOVC     A,@A+DPTR
           MOV      P2,A
WT:        JNB      SP1,WT
WAIT:      JB       SP1,WAIT
           LCALL    DELY10MS
           JB       SP1,WAIT
           INC      Count
           MOV      A,Count
           CJNE     A,#100,NEXT
           LJMP     START
;延时
DELY10MS:  MOV      R6,#20
D1:        MOV      R7,#248
           DJNZ     R7,$
           DJNZ     R6,D1
           RET
TABLE:     DB 01H,02H,03H,04H,05H,06H,07H,08H,09H
           END
```

3）建立可执行文件 ".hex"。

3. 仿真操作

1）启动 PROTUES 仿真软件。

2）双击仿真电路图中的 "CPU" 将上面创建的 ".hex" 文件装入。

3）单击界面左下方的运行按钮。

4）单击连接到 P3.4 脚上的按钮，观察数码管数字的变化。

● **想一想、议一议**

1. 分析程序，指出在本程序中有哪些指令是以前没有遇到过的，如何理解？

2. 在程序 1 中延时程序段可实现约 1s 的延时，为什么？在程序 2 中的延时程序段可延时多长时间？

3. 两种方法有什么不同？还有其他的实现方法吗？

● 读一读

要想探讨上面的问题，先读一读本项目的"相关知识3"中的3-2节的内容。

● 巩固提高

若不用74LS47驱动数码管，则程序如何编写？

任务1-3 设计实现报警程序并仿真

1. 设计仿真电路图

在 PROTUES 环境下设计图3-2所示的报警仿真电路图。步骤如下：

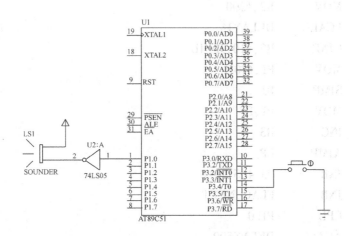

图3-2 报警仿真电路图

1）启动 PROTUES 仿真软件。

2）根据表3-2，在 PROTUES 元器件库中选择元器件。

表3-2 元器件表

元器件名称	所属类	所属子类
AT89C51（单片机）	Microprocessor ICs	8051 Family
BUTTON（按钮）	Switches & Relays	Switches
74LS05	TTL 74LS series	All Sub
SOUNDER	Switches & Relays	All Sub

3）设计图3-2所示的仿真电路图。

82

4）保存仿真电路图文件，文件名为"报警器"。

2. 设计实现报警的程序

步骤如下：

1）启动 Keil 软件。

2）在 Keil 环境下编辑下面的汇编程序：

程序1：

```
;*************************************************
;        一长一短报警声
;*************************************************
                ORG     0000H
                AJMP    START
                FLAG    BIT  00H
                ORG     0100H
START:          MOV     R3,#0
                SETB    P3.4
                MOV     R2,#200
LP:             LCALL   DELAY1s
                CJNE    R3,#10,JISHU
                MOV     P1,#10H
                SJMP    BJ
JISHU:          MOV     P1,R3
                INC     R3
                AJMP    LP
BJ:             JNB     P3.4,START
                JNB     FLAG,NEXT
DV:             CPL     P1.0
                ACALL   DELAY500
                ACALL   DELAY500
                DJNZ    R2,DV
                CPL     FLAG
NEXT:           MOV     R2,#200
DV1:            CPL     P2.0
                ACALL   DELAY500
                ACALL   DELAY500
                DJNZ    R2,DV1
                CPL     FLAG
                SJMP    BJ
DELAY500:       MOV     R7,#250
LOOP:           NOP
```

```
           DJNZ      R7,LOOP
           RET
DELAY1s:   MOV       R7,#10        ;延时约1s
DELAY01:   MOV       R6,#200
DELAY02:   MOV       R5,#250
DELAY03:   DJNZ      R5,DELAY03
           DJNZ      R6,DELAY02
           DJNZ      R7,DELAY01
           RET                     ;返回
           END
```

程序2：

```
;**************************************************
;      救护车声的报警
;**************************************************
           ORG       0000H
           AJMP      MAIN
           ORG       0100H
MAIN:      SETB      P3.4
LOOP:      JNB       P3.4,ST
           AJMP      LOOP
ST:        MOV       R2,#08H
DLV1:      MOV       R3,#0FAH
DLV2:      CPL       P1.0
           LCALL     DELAY1        ;延时
           DJNZ      R3,DLV2
           DJNZ      R2,DLV1
           MOV       R2,#10H       ;改变循环初值
DLV3:      MOV       R3,#0FAH
DLV4:      CPL       P1.0
           LCALL     DELAY2
           DJNZ      R3,DLV4
           DJNZ      R2,DLV3
           AJMP      LOOP
DELAY1:    MOV       R7,#00H
LLA:       DJNZ      R7,LLA
           RET
DELAY2:    MOV       R7,#128
LLB:       DJNZ      R7,LLB
           RET
```

END

3）建立可执行文件".hex"。

3. 仿真操作

1）启动 PROTUES 仿真软件。

2）双击仿真电路图中的"CPU"将上面已创建的".hex"文件装入。

3）单击界面左下方的运行按钮。

4）单击连接到 P3.4 脚上的按钮，听报警声音。

● 想一想、议一议

分析程序，说明在程序中是如何实现蜂鸣器发声的。

● 读一读

要想探讨上面的问题，先读一读本项目的"相关知识3"中3-3节的内容。

● 巩固提高

编写一个能发出"滴答……滴答……"声的报警器程序。

任务2 自动计数报警器显示模块及接口电路的设计与制作

● 学习目标

1）知道声音模块电路的设计要领与方法。

2）熟悉七段数码管的应用及计数显示模块的设计要领。

3）熟悉 74LS47 在电路图中的应用。

4）了解定时器/计数器的结构。

5）熟悉定时器/计数器的工作模式。

● 工作任务

1）会设计并制作显示模块及接口电路。

2）会设计与主板连接的接口电路。

3）会正确布线、焊接并制作。

4）能根据要求选择定时器/计数器的工作模式。

5）能正确连接接口电路，最终实现自动计数报警器的设计与制作。

任务 2-1　分析任务并写出设计方案

一、分析任务

制作电路，要求能实现下面功能：

1）显示数码管能显示数字 00 ~ 99，上电时初值为"00"。

2）当单片机 P3.4 脚为低电平时开始计数，并且每一次低电平时，计数器加 1 并显示，当达到 12 时，清零并报警。

3）报警 2s 后停止，再延时 2s 后，再重复上面的动作。

4）以上的过程先在 PROTUES 环境下仿真成功再制作成品。

二、设计方案

1. 显示计数器的设计

根据上面分析，选用两位共阳极数码管，用 74LS47 驱动共阳极数码管。

2. 报警器的设计

用一个交流蜂鸣器作为报警发声器件，用两个晶体管（9013）组成达林顿放大器去驱动蜂鸣器。

3. 外部输入信号的设计

外部输入信号接在单片机的 P3.4 脚上，用定时器/计数器实现对外部事件计数的功能，并进行计数显示。

● **想一想、议一议**

有没有其他设计方案，如果有，又如何实现？请写出来。

任务 2-2　设计实现自动计数报警器程序并仿真

1. 设计仿真电路图

在 PROTUES 环境下设计图 3-3 所示的自动计数报警器仿真电路图。步骤如下：

1）启动 PROTUES 仿真软件。

2）根据表 3-3，在 PROTUES 元器件库中选择元器件。

3）设计图 3-3 所示的仿真电路图。

4）保存仿真电路图文件，文件名为"自动计数报警器"。

2. 设计实现报警的程序

步骤如下：

1）启动 Keil 软件。

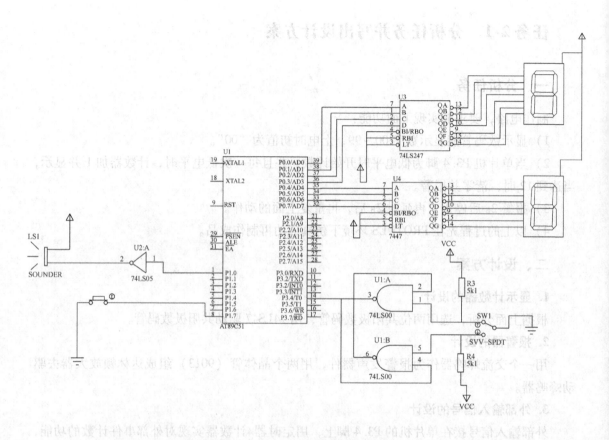

图 3-3 自动计数报警器仿真电路图

表 3-3 元器件表

元器件名称	所属类	所属子类
AT89C51(单片机)	Microprocessor ICs	8051 Family
BUTTON(按钮)	Switches & Relays	Switches
74LS05	TTL 74LS series	All Sub
SOUNDER	Switches & Relays	All Sub
SW-SPDT	Switches & Relays	All Sub
·74LS00	TTL 74LS series	All Sub

2）在 Keil 环境下编辑下面的汇编程序：

; **

; 外部事件计数报警

; **

        ORG   0000H

```
            AJMP    START
            ORG     0100H
START:      MOV     TMOD,#06H        ;T0 为模式 2,自动重装 8 位计数器
            CLR     P1.0
            MOV     TH0,#0FFH        ;赋初值,模式 2 最多可计数 256 次,这里为 1 次
            MOV     TL0,#0FFH
            SETB    TR0              ;启动计数器
LP1:        MOV     R3,#0
            MOV     P0,R3
            MOV     R0,#20
            MOV     P0,#00H
LP:         JBC     TF0,REP          ;计数未满顺序执行,满则跳至 REP,同时将
                                     ;TF0 清零
            SJMP    LP
REP:        INC     R3
            MOV     A,#00H
            ADD     A,R3
            DA      A
            MOV     R3,A
            MOV     P0,R3
            DJNZ    R0,LP
LP2:        MOV     R2,#200
DV:         CPL     P1.0             ;取反
            ACALL   DELAY500
            ACALL   DELAY500
            DJNZ    R2,DV
            MOV     R2,#200
DV1:        CPL     P1.0
            ACALL   DELAY500
            DJN2    R2,DV1
            JB      P1.7,LP2
            SJMP    LP1
DELAY:      MOV     R7,#10           ;延时约 1s
DELAY01:    MOV     R6,#200
DELAY02:    MOV     R5,#250
DELAY03:    DJNZ    R5,DELAY03
```

```
              DJNZ    R6,DELAY02
              DJNZ    R7,DELAY01
RET                                      ;返回
DELAY500：     MOV     R7,#250            ;延时约 500μs
LOOP：                 NOP
DJNZ                  R7,LOOP
RET
END
```

3）建立可执行文件"ZdBj.hex"。

3. 仿真操作

1）启动 PROTUES 仿真软件。

2）双击仿真电路图中的"CPU"将"ZdBj.hex"文件装入。

3）单击界面左下方的运行按钮。

4）单击 SW1 按钮,观察数码管上的数字,听一听报警的声音。

● **想一想、议一议**

如果将开关接到单片机的 P1.5 脚上,程序如何修改?

● **巩固提高**

编写一个能发出"滴答……滴答……"声的自动计数报警器程序。

任务 2-3　制作自动计数报警器的电路板

1. 设计仿真电路图

在 PROTUES 环境下设计图 3-4 所示的自动计数报警器仿真电路图(参考图)。

2. 填表

根据所设计的仿真电路图,将所需的元器件清单填入表 3-4 中,配备元器件,并测试元器件。

3. 工具

1）万用表 20 块(每小组 2 人一块)。

2）直流稳压电源 20 台。

3）芯片烧录器 20 个。

4）电烙铁 40 个、焊锡丝若干。

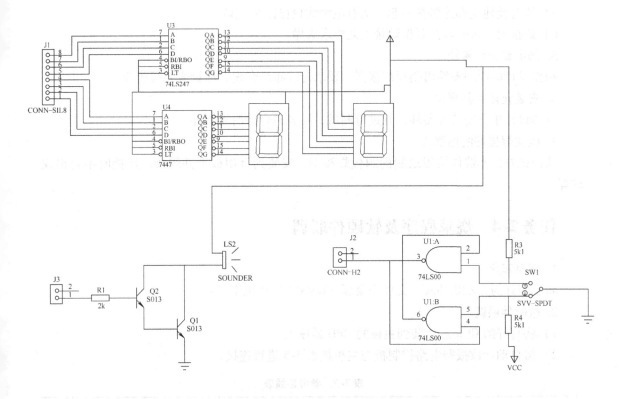

图 3-4　自动计数报警器仿真电路图

表 3-4　元器件清单

序 号	标 号	元器件名称	数 量	单 位

4. 制作工艺要求

1）根据图 3-1，输出模块电路布局要合理、美观。

2）控制板 I/O 接线端口的位置要方便与主板接口电路连接。

3）焊点要均匀。

4）在设计电路板焊接图时要考虑尽量避免出现跨接线。

5）所有接地线都连接在一起，所有电源线也连接在一起。

6）焊接时，每一步都要按焊接工艺要求去做。

5. 画出制板焊接图

根据设计的原理图绘出制板焊接图，要求走线布局合理，尽量避免跨接线。

6. 安装元器件并焊接

选择设计中所需的元器件，并进行测试，筛去不合格的元器件。

7. 检测焊接好的电路板

将测试好的元器件按照绘制的制板焊接图，安装到万用板上并焊接。焊接时不要出现虚焊。

任务 2-4 烧录程序及软硬件联调

1. 烧录程序

将编制好的"ZdBj. hex"文件烧录到 AT89S51 单片机中。

2. 软硬件联调

1）将写好的 CPU 芯片装到主板的 CPU 插座上。

2）将自动计数报警电路控制板与主板按表 3-5 进行连接。

表 3-5 参考连线表

	主板	自动计数报警电路控制板
连接 1	5V/GND	5V/GND
连接 2	P0. 0 ~ P0. 7	J1_0 ~ J1_7
连接 3	P1. 0	J2_1
连接 4	P3. 4	J3_1

说明：主板上 P0 口的 8 位与自动计数报警电路控制板 J1 的 8 个孔接线端分别连接；主板上的 P1.0 脚与电路控制板 J2 的 1 脚接线端连接；主板上的 P3.4 脚与电路控制板 J3 的 1 脚接线端连接。

3）将主板与自动计数报警电路控制板连接并接上 5V 电源。

4）运行程序，拨动开关，观察数码管上的数字，并听一听报警声音。

5）填写表 3-6 所示的调试记录表。

表 3-6 调试记录表

调试项目	调试结果	原因分析

● 想一想、议一议

如果将主板上的 P0 口的 8 位改为用 P2 口与电路控制板 J1 的 8 个孔接线端分别连接，如何修改可实现相同功能？

任务 2-5　写项目设计报告

项目 3　设计报告

姓名	班级
项目名称：	
目　标：	
项目设计方案：	
测试步骤：	
项目设计及制作中遇到的问题及解决办法：	
产品功能说明书：	
设计经验总结：	

● 项目工作检验与评估

考核项目及分值	学生自评分	项目小组长评分	老师评分
现场 5S 工作(工作纪律、工具整理、现场清扫等)(10 分)			
设计方案(5 分)			
在 PROTUES 环境下设计原理图(10 分)(自己设计加 5 分)			
绘制焊接图,错一处扣 1 分(5 分)			
电路板制作(10 分)			
程序流程图设计,错、漏一处扣 3 分(10 分)			
在 Keil 环境下设计程序(20 分)			
烧录程序(5 分)			
上电测试,元器件焊错扣 2 分、一个虚焊点扣 1 分(15 分)			
设计报告(10 分)			
总分			

● 经验总结

1. 调试经验

1)当数码管不能正常发光时:

① 查看电源是否接好。

② 查看主板与自动计数报警电路控制板的连接线是否接好。

③ 查看电路控制板是否虚焊。

④ 查看 74LS47 的公共端是否接错。

2)数码管显示不正确时:

① 查 74LS47 的输入端接线是否正确。注意输入线 A、B、C、D 的接线是否正确。

② 查 74LS47 的输出端与数码管的连接是否正确。

3)数码管某段不发光时:

① 检查电阻有没有虚焊。

② 检查 74LS47 的引脚有没有虚焊。

4)如果电路没有问题,就查看 CPU 程序烧录是否有问题。(可重新烧录一次)

2. 焊接经验

1)检查数码管电路焊接的情况:

① 将直流电源调到 5V。

② 将焊接好的控制板的电源线接到直流电源的正极,地线接到负极。

③ 用 4 根线各插入"J1"的低 4 位插口,先测试个位数码管,按 74LS47 的真值表进行测验,如 4 根线都接地,数码管应显示"0";接到 D、C、B 上的 3 根线接地,A 上的线接电源,应显示"1",依次类推

2）数码管不要直接焊到板子上，可焊一个底座，否则在焊接时容易将数码管烧坏。

3）焊接时间应尽量短，焊点不能在管脚根部。焊接时应使用镊子夹住管脚根部以利于散热，宜用中性助焊剂（松香）或选用松香焊锡丝。

4）严禁用有机溶液浸泡或清洗。

3. 检查数码管好坏的经验

1）在公共端接电源直接测试时，注意电压一定要为 3V 左右，不能直接用 5V 测试，否则会烧坏数码管。

2）如果公共端直接接 5V 电压，则需要串一个 220Ω 的电阻。

● 巩固提高练习

一、理论题

1. 什么是伪指令？伪指令与指令有何区别？

2. 51 系列单片机无条件转移指令有几种？如何选用？

3. 51 系列单片机条件转移指令有几种？如何求 rel？

4. "DA A" 指令有什么作用？怎样使用？

5. SJMP 指令和 AJMP 指令都是两字节指令，它们有什么区别？各自的转移范围是多少？

```
        MOV    A, #83H
        MOV    R0H, #47H
        MOV    47H, #34H
        ANL    A, #47H      ;(A)=__
        ORL    47H, A       ;(A)=__;(47H)=__
        XRL    A, @R0       ;(A)=__
```

6. 试对下列程序进行人工汇编并说明此程序的功能。

```
        ORG    1000H
ACDL:   MOV    R0, #25H
        MOV    R1, #2BH
        MOV    R2, #06H
        CLR    C
        CLR    A
LOOP:   MOV    A, @R0
        ADDC   A, @R1
        DEC    R0
        DEC    R1
        DJNZ   R2, LOOP
        SJMP   $
        END
```

7. 已知 A = C9H，B = 8DH，CY = 1。执行指令"ADDC A，B"后结果如何？执行指令

"SUBB A，B"后结果如何？

8. 试用循环转移指令编写延时 20ms 的子程序（设单片机的晶振频率为6MHz）。

9. 试编程把以 2000H 为首地址的连续 50 个单元的内容按升序排列，存放到以 3000H 为首地址的存储区中。

10. 设有 100 个无符号数，连续存放在以 2000H 为首地址的存储区中，试编程统计奇数和偶数的个数。

11. 将外部数据存储器地址为 1000H～1030H 的数据块，全部搬迁到内部 RAM30H～60H 中，并将原数据块区域全部清零。

12. 设计一个循环灯电路原理图及程序，使这些发光二极管每次只点亮一个，时间为 0.1s，依次一个一个地点亮，循环不止。

13. 51 系列单片机内部有几个定时器/计数器？它们由哪些专用的寄存器组成？

14. 51 系列单片机的定时器/计数器有哪几种工作方式？各有什么特点？

15. 51 系列单片机定时器的工作方式 2 有什么特点？适用于什么场合？

16. T0、T1 用作定时器时，其定时时间与哪些因素有关？

17. 51 系列单片机定时器/计数器的门控信号 GATE 设置为 1 时，定时器/计数器如何启动？

18. T0、T1 用作定时器和计数器时，其计数脉冲分别由谁提供？

19. TH_x 与 $TL_x(x=0，1)$ 是普通寄存器还是计数器？其内容可以随时用指令更改吗？更改后的新值是立即刷新还是等当前计数器计满之后才能刷新？

20. 定时器/计数器作为定时器使用时，其定时时间与哪些因数有关？作为计数器使用时，对外界计数频率有何限制？

21. 如果采用的晶振频率为3MHz，定时器/计数器 0 分别工作在工作方式 0、1、2 下，其最大的定时时间各为多少？

22. 填空和选择：

（1）在基址寄存器加变址寄存器间接寻址方式中，以____作变址寄存器，以____或____作基址寄存器。

（2）在寄存器间接寻址方式中，其"间接"体现在指令中寄存器的内容不是操作数，而是操作数的____。

（3）假设 A＝55H，R5＝0AAH，在执行指令"ANL A，R5"后，A＝____，R5＝____。

（4）指令格式由____和____所组成，也可能仅由____组成。

（5）51 系列单片机对外部数据存储器采用的是____寻址方式。

（6）跳转指令 SJMP 的转移范围为（　　　）。

A. 2KB　　　　B. 64KB　　　　C. 128B　　　　D. 256B

（7）下列指令中影响堆栈指针的指令是（　　　）。

A. ADD　　　B. LJMP　　　C. LCALL　　　D. MOVC A，@A＋PC

（8）ACALL 与 LCALL 相比，ACALL 的执行速度（　　　）。

A. 较快　　　B. 较慢　　　C. 相等　　　D. 视转到何处而定

（9）下列指令执行时，会修改 PC 中内容的指令是（　　　）。

A. AJMP　　　　　　　　　B. MOVC A，@A＋PC

C. MOVC　A，@ A + DPTR　　　　D. MOVX　A，@ Ri

（10）下列指令中，属于比较转移指令的是（　　　）。

A. DJNZ　Rn, rel　　　　　　　B. CJNE Rn, #datA, rel

C. DJNZ direct, rel　　　　　　D. JBC bit, rel

（11）下列指令中与堆栈无关的是（　　　）。

A. CALL　　　　B. LCALL　　　C. RET　　　　　D. MOVC　A，@ A + PC

（12）指令"JB　0E0H，LP"中的0E0H是指（　　　）。

A. 累加器 A　　　　　　　　　　B. 累加器 A 的最高位

C. 累加器 A 的最低位　　　　　　D. 立即数

（13）下列指令与累加器 A 无关的是（　　　）。

A. JZ　LP　　　　　　　　　　　B. JBC, 0E7H, LD

C. ACALL　DELY　　　　　　　D. SUBB

（14）若累加器 A 的内容为零就转到 LD0 处的指令是（　　　）。

A. JB　A，LD0　　B. JZ　A，LD0　　C. JZ　LD0　　　D. JNB　ACC，LD0

（15）LJMP 跳转空间最大可达到（　　　）。

A. 2KB　　　　　B. 256KB　　　　C. 128KB　　　　D. 64KB

二、设计题

1. 试编制程序，使定时器0（工作方式1）定时100ms产生一次中断，将接在P1.0脚的发光二极管间隔1s点亮一次，点亮10次后停止。

2. 编写程序，利用定时器0（工作方式1）产生一个50Hz的方波，由P1.0脚输出，晶振频率为12MHz。

3. 在51系列单片机中，已知晶振频率为12MHz，试编程使P1.0脚和P1.1脚分别输出周期为2ms和500ms的方波。

相关知识 3

3-1　数码管及其驱动译码器

3-1-1　数码管

1. 数码管的分类

数码管是一种半导体发光器件，其基本单元是发光二极管。

按发光二极管的单元连接方式不同，可分为共阳极数码管和共阴极数码管。共阳极数码管是指将所有发光二极管的阳极接到一起形成公共阳极（COM）的数码管。共阳极数码管在应用时应将公共阳极 COM 接到 5V，当某一字段发光二极管的阴极为低电平时，相应字段就点亮。当某一字段的阴极为高电平时，相应字段就不亮。共阴极数码管是指将所有发光二极管的阴极接到一起形成公共阴极（COM）的数码管。共阴极数码管在应用时应将公共阴极 COM 接到地线 GND 上，当某一字段发光二极管的阳极为高电平时，相应字段就点亮。当某一字段发光二极管的阳极为低电平时，相应字段就不亮。共阴极、共阳极数码管的内部结构图如图 3-5 所示。

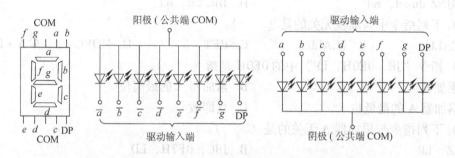

图 3-5　共阴极、共阳极数码管的内部结构图

按数码管段数不同，可分为七段数码管和八段数码管。八段数码管比七段数码管多一个发光二极管单元（多一个小数点显示）。按能显示多少个"8"，可分为 1 位、2 位、3 位、4 位等数码管，其实物图如图 3-6 所示。

图 3-6　数码管的实物图

2. 数码管的驱动方式

数码管要正常显示，就要用驱动电路来驱动数码管的各个段码，从而显示出需要的数字，因此根据数码管驱动方式的不同，可以分为静态显示驱动和动态显示驱动两类。

（1）静态显示驱动　静态显示驱动是指每个数码管的每一个段码都由一个单片机的 I/O 端口进行驱动，或者使用如 BCD 码二-十进制译码器进行驱动。静态显示驱动的优点是编程简单，显示亮度高；缺点是占用 I/O 端口多，如驱动 5 个数码管静态显示则需要 $5 \times 8 = 40$ 个 I/O 端口来驱动，要知道一个 89S51 系列单片机可用的 I/O 端口才 32 个，实际应用时必须增加译码驱动器进行驱动，增加了硬件电路的复杂性。

（2）动态显示驱动　数码管动态显示是单片机中应用中最为广泛的显示方式之一，动态显示驱动是将所有数码管的 8 个显示笔画 "a、b、c、d、e、f、g、DP" 的同名端连在一起，另外为每个数码管的公共极 COM 增加位选通控制电路，位选通由各自独立的 I/O 线控制，当单片机输出字形码时，所有数码管都接收到相同的字形码，但究竟是哪个数码管会显示出字形，取决于单片机对 COM 端位选通电路的控制，所以只要将需要显示的数码管的选通控制打开，该位就显示出字形，没有选通的数码管就不会亮。通过分时轮流控制各个数码管的 COM 端，就使各个数码管轮流受控显示，这就是动态显示驱动。在轮流显示过程中，每位数码管的点亮时间为 1～2ms，由于人的视觉暂留现象及发光二极管的余辉效应，尽管实际上各位数码管并非同时点亮，但只要扫描的速度足够快，给人的印象就是一组稳定的显示数据，不会有闪烁感，动态显示的效果和静态显示是一样的，能够节省大量的 I/O 端口，而且功耗更低。

3. 数码管参数

电流：静态时，推荐使用 10 ~ 15mA；动态时，16∶1 动态扫描的平均电流为 4 ~ 5mA，峰值电流为 50 ~ 60mA。

电压：红色数码管电压为用 1.9V 乘以每段的芯片串联的个数；绿色数码管电压为用 2.1V 乘以每段的芯片串联的个数。

4. 数码管的段码表

数码管的段码表见表 3-7。

表 3-7　数码管的段码表

显示	段　符　号								十六进制代码	
	DP	g	f	e	d	c	b	a	共阴极	共阳极
0	0	0	1	1	1	1	1	1	3FH	C0H
1	0	0	0	0	0	1	1	0	06H	F9H
2	0	1	0	1	1	0	1	1	5BH	A4H
3	0	1	0	0	1	1	1	1	4FH	B0H
4	0	1	1	0	0	1	1	0	66H	99H
5	0	1	1	0	1	1	0	1	6DH	92H
6	0	1	1	1	1	1	0	1	7DH	82H
7	0	0	0	0	0	1	1	1	07H	F8H
8	0	1	1	1	1	1	1	1	7FH	80H
9	0	1	1	0	1	1	1	1	6FH	90H
A	0	1	1	1	0	1	1	1	77H	88H
B	0	1	1	1	1	1	0	0	7CH	83H
C	0	0	1	1	1	0	0	1	39H	C6H
D	0	1	0	1	1	1	1	0	5EH	A1H
E	0	1	1	1	1	0	0	1	79H	86H
F	0	1	1	1	0	0	0	1	71H	8EH
H	0	1	1	1	0	1	1	0	76H	89H
P	0	1	1	1	0	0	1	1	F3H	8CH

5. 恒流驱动与非恒流驱动对数码管的影响

（1）显示效果　由于发光二极管基本上属于电流敏感器件，其正向压降的分散性很大，并且还与温度有关，为了保证数码管具有良好的亮度均匀性，就需要使其具有恒定的工作电流，且不能受温度及其他因素的影响。另外，当温度变化时驱动芯片还要能够自动调节输出电流的大小以实现色差平衡温度补偿。

（2）安全性　即使是短时间的电流过载也可能对发光二极管造成永久性的损坏，采用恒流驱动电路可防止由于电流故障所引起的数码管大面积损坏。

另外，所采用的超大规模集成电路还具有级联延时开关特性，可防止反向尖峰电压对发光二极管的损害。

超大规模集成电路还具有热保护功能，当任何一片数码管的温度超过一定值时可自动关断，并且可在控制室内看到故障显示。

3-1-2 数码管驱动译码器

常用的数码管驱动译码器芯片有 TTL 的 7446、7447、7448、7449 与 CMOS 的 4511 等。其中 7446、7447 必须使用共阳极数码管显示器，7448、7449、4511 等则使用共阴极数码管显示器。

74LS47 的功能是将 BCD 码转化成数码块中的数字，通过它解码，可以直接把数字转换为数码管的显示数字，从而简化了程序，节约了单片机的 I/O 端口数量。因此是一个非常有用的芯片。

1. 74LS47、74LS48 的引脚

74LS47、74LS48 的引脚图如图 3-7 所示。

2. 74LS47、74LS48 引脚的功能

1) A、B、C、D 为输入端，a、b、c、d、e、f、g 为输出端。

当输入 $DCBA = 0010$ 时，则输出 $abcdefg = 1101101$，使数码管显示 "2"。

当输入 $DCBA = 0110$ 时，则输出 $abcdefg = 1011111$，使数码管显示 "6"。BCD 七段译码器真值表见表 3-8。

图 3-7 74LS47、74LS48 的引脚图

表 3-8 BCD 七段译码器真值表

输入				输出							字形
D	C	B	A	a	b	c	d	e	f	g	
0	0	0	0	1	1	1	1	1	1	0	0
0	0	0	1	0	1	1	0	0	0	0	1
0	0	1	0	1	1	0	1	1	0	1	2
0	0	1	1	1	1	1	1	0	0	1	3
0	1	0	0	0	1	1	0	0	1	1	4
0	1	0	1	1	0	1	1	0	1	1	5
0	1	1	0	1	0	1	1	1	1	1	6
0	1	1	1	1	1	1	0	0	0	0	7
1	0	0	0	1	1	1	1	1	1	1	8
1	0	0	1	1	1	1	0	0	1	1	9

2) LT、RBI 与 BI/RBO 为控制脚。74LS47 电路是由与非门、输入缓冲器和 7 个与或非门组成的 BCD 七段译码器/驱动器。7 个与非门和一个驱动器成对连接，以产生可用的 BCD 数据及其补码至 7 个与或非译码门。剩下的与非门和 3 个输入缓冲器作为试灯输入（LT）端、灭灯输入/动态灭灯输出（BI/RBO）端及动态灭灯输入（RBI）端。

① 当需要输出 0 ~ 15 时，灭灯输入（BI）端必须为开路或保持在高电平，若不要灭掉十进制零，则动态灭灯输入（RBI）端必须开路或处于高电平。

② 当低电平直接加到灭灯输入（BI）端时，不管其他任何输入端的电平如何，所有段的输出端都无输出。

③ 当动态灭灯输入（RBI）端和输入端 A、B、C、D 都处于低电平而试灯输入（LT）端为高电平时，则所有段的输出端关闭且动态灭灯输出（RBO）端处于低电平（响应条件）。

④ 当灭灯输入/动态灭灯输出（BI/RBO）端开路或保持在高电平，且将低电平加到试灯输入（LT）端时，所有段的输出端都得打开。

注意：BI/RBO 是用作灭灯输入（BI）端与/或动态灭灯输出（RBO）端的线与逻辑。

3-2 51 系列单片机的算术运算类指令及伪指令

3-2-1 算术运算类指令

算术运算类指令共有 24 条，包括加、减、乘、除 4 种基本算术指令，这 4 种指令能对 8 位的无符号数进行直接运算，借助溢出标志，可对带符号数进行补码运算；借助进位标志，可实现多精度的加、减运算，同时还可对压缩的 BCD 码进行运算，其运算功能较强。算术运算类指令用到的助记符共有 8 种：ADD、ADDC、INC、SUBB、DEC、DA、MUL、DIV。

1. 加法指令

加法指令分为普通加法指令、带进位加法指令、加 1 指令和十进制调整指令。

（1）普通加法指令

```
ADD      A,Rn        ;A←(A)+(Rn)
ADD      A,direct    ;A←(A)+(direct)
ADD      A,@Ri       ;A←(A)+((Ri))
ADD      A,#data     ;A←(A)+ data
```

这组指令的功能是将累加器 A 的内容与第二操作数相加，其结果放在累加器 A 中。相加过程中如果位 7（D7）有进位，则进位标志 CY 置"1"，否则清"0"；如果位 3（D3）有进位，则辅助进位标志 AC 置"1"，否则清"0"。

对于无符号数相加，若 CY 置"1"，说明和数溢出（大于 255）。对于带符号数相加时，和数是否溢出（大于 127 或小于 -128），则可通过溢出标志 OV 来判断，若 OV 置"1"，说明和数溢出。

例如：(A)=85H,R0=20H,(20H)=0AFH，执行指令：

```
       ADD   A, @R0
            10000101
          +10101111
          ─────────
          1 00110100
```

结果：(A)=34H, CY=1, AC=1, OV=1。

（2）带进位加法指令

```
ADDC     A,Rn        ;A←(A)+(Rn)+(CY)
ADDC     A,direct    ;A←(A)+(direct)+(CY)
```

```
ADDC        A,@ Ri          ;A←(A) + ((Ri)) + (CY)
ADDC        A,#data         ;A←(A) + data + (CY)
```

在执行加法时，还要将上一次进位标志 CY 的内容也一起加进去，对于标志位的影响也与普通加法指令相同。

例如：(A) = 85H, (20H) = 0FFH, CY = 1, 执行指令：

ADDC A, 20H

```
      10000101
      11111111
   +          1
  ─────────────
  1  10000101
```

结果：(A) = 85H, CY = 1, AC = 1, OV = 0。

(3) 加 1 指令

```
INC         A               ;A←(A) +1
INC         Rn              ;Rn←(Rn) +1
INC         direct          ;direct←(direct) +1
INC         @ Ri            ;(Ri)←((Ri)) +1
INC         DPTR            ;DPTR←(DPTR) +1
```

这组指令的功能是：将指令中指出的操作数的内容加 1。此指令不影响任何标志。

例如：(A) = 12H, (R3) = 0FH, (35H) = 4AH, (R0) = 56H, (56H) = 00H, 执行指令：

```
INC         A               ;执行后(A) =13H
INC         R3              ;执行后(R3) =10H
INC         35H             ;执行后(35H) =4BH
INC         @ R0            ;执行后(56H) =01H
```

(4) 十进制调整指令

DA   A

这条指令对累加器 A 参与的 BCD 码加法运算所获得的 8 位结果进行十进制调整，使累加器 A 中的内容调整为二位压缩型 BCD 码的数。

使用时必须注意，它只能跟在加法指令之后，不能对减法指令的结果进行调整，且其结果不影响溢出标志位。

执行该指令时，判断 A 中的低 4 位是否大于 9，若满足，则低 4 位作加 6 操作；若 A 中的高 4 位大于 9，则高 4 位作加 6 操作。

例如：有两个 BCD 数 36 与 45 相加，结果应为 BCD 码 81，程序如下：

```
MOV     A,#36H
ADD     A,#45H
DA      A
```

这段程序中，第一条指令将立即数 36H (BCD 码 36H) 送入累加器 A。第二条指令进行如下加法：

$$
\begin{array}{llr}
& 0011 \quad 0110 & 36 \\
+ & 0100 \quad 0101 & 45 \\
\hline
& 0111 \quad 1011 & 7B \\
+ & 0000 \quad 0110 & 06 \\
\hline
& 1000 \quad 0001 & 81 \\
\end{array}
$$

得结果 7BH。第三条指令对累加器 A 进行十进制调整，低 4 位（0BH）大于 9，因此要加 6，最后得到调整的 BCD 码 81。

2. 减法指令

（1）带进位减法指令

SUBB	A,Rn	;A←(A) - (Rn) - (CY)
SUBB	A,direct	;A←(A) - (direct) - (CY)
SUBB	A,@ Ri	;A←(A) - (Ri) - (CY)
SUBB	A,#data	;A←(A) - data - (CY)

这组指令的功能是：将累加器 A 的内容与第二操作数及进位标志相减，结果送回到累加器 A 中。在执行减法过程中，如果位 7（D7）有借位，则进位标志 CY 置"1"，否则清"0"；如果位 3（D3）有借位，则辅助进位标志 AC 置"1"，否则清"0"。若要进行不带借位的减法操作，则必须先将 CY 清"0"。

（2）减 1 指令

DEC	A	;A←(A) - 1
DEC	Rn	;Rn←(Rn) - 1
DEC	direct	;direct←(direct) - 1
DEC	@ Ri	;(Ri)←((Ri)) - 1

这组指令的功能是：将指出的操作数内容减 1。如果原来的操作数为 00H，则减 1 后将产生溢出，使操作数变成 0FFH，但不影响任何标志。

3. 乘法指令

乘法指令完成单字节的乘法，只有一条指令：

$$MUL \quad AB$$

这条指令的功能是：将累加器 A 的内容与寄存器 B 的内容相乘，乘积的低 8 位存放在累加器 A 中，高 8 位存放于寄存器 B 中，如果乘积超过 0FFH，则溢出标志 OV 置"1"，否则清"0"，进位标志 CY 总是被清"0"。

例如：（A）= 50H，（B）= 0A0H，执行指令：

$$MUL \quad AB$$

结果：（B）= 32H，（A）= 00H（乘积为 3200H），CY = 0，OV = 1。

4. 除法指令

除法指令完成单字节的除法，只有一条指令：

$$DIV \quad AB$$

这条指令的功能是：将累加器 A 中的内容除以寄存器 B 中的 8 位无符号整数，所得商的整数部分放在累加器 A 中，余数部分放在寄存器 B 中，清进位标志 CY 和溢出标志 OV 为"0"。若原来 B 中的内容为 0，则执行该指令后 A 与 B 中的内容不定，并将溢出标志置

"1"，在任何情况下，进位标志 CY 总是被清 "0"。

3-2-2 伪指令

伪指令并不是真正的指令，也不产生相应的机器码，它们只是在计算机将汇编语言转换为机器码时，指导汇编过程，告诉汇编程序如何汇编。下面介绍一些 51 系列单片机汇编程序常用的伪指令。

1. 汇编起始伪指令 ORG

格式：［标号:］　ORG　16 位地址

功能：规定程序块或数据块存放的起始地址。例如：

    ORG　8000H
START:　MOV　A,#30H
    ……

该指令规定第一条指令从地址 8000H 单元开始存放，即标号 START 的值为 8000H。

2. 汇编结束伪指令 END

格式：［标号:］　END　［表达式］

功能：结束汇编。汇编程序遇到 END 伪指令后即结束汇编。处于 END 之后的程序，汇编程序不予处理。例如：

    ORG　2000H
START:　MOV　A,# 00H
    ……
    END

3. 等值指令 EQU

格式：字符名称　EQU　项

其中，"字符名称"不是标号，不能用 ":" 来作分隔符；"项"可以是一个数值，也可以是一个已经有定义的名字或可以求值的表达式。

该指令的功能是将一个数或特定的汇编符号赋予规定的字符名称。用 EQU 指令赋值以后的字符名称可以用作数据地址、代码地址、位地址或直接当做一个立即数使用。因此，给字符名称所赋的值可以是 8 位二进制数，也可以是 16 位二进制数。

例如：　TEST　EQU　R0
    MOV　A,TEST

这里将 TEST 等值为汇编符号 R0，在指令中 TEST 就可代替 R0 来使用。又例如：

    AB　EQU　16
    DELY　EQU　1234H
    MOV　A,AB
    LCALL DELY

这里 AB 赋值以后当做直接地址使用，而 DELY 被定义为 16 位地址，是一个子程序的入口。使用 EQU 伪指令时必须先赋值，后使用；而不能先使用，后赋值。

4. 定义字节指令 DB

格式：［标号:］　DB　8 位二进制数表

DB 指令是从指定的地址单元开始，定义若干个 8 位内存单元的内容。这个指令的功能主要是在程序存储器的某一部分存入一组 8 位二进制数，或者是将一个数据表格存入程序存储器。这个伪指令在汇编以后，将影响程序存储器的内容。例如：

	ORG	1000H
TAB：	DB	23H,73,"6","B"
TABl：	DB	110B

以上伪指令经汇编以后，将对从 1000H 开始的若干内存单元赋值：

$(1000H)=23H$ $(1001H)=49H$

$(1002H)=36H$ $(1003H)=42H$

$(1004H)=06H$

其中，36H 和 42H 分别是字符 6 和 B 的 ASCII 码，其余的十进制数（73）和二进制数（110B）也都换算为十六进制数了。

5. 定义字指令 DW

格式：［标号：］ DW 16 位二进制数表

定义字指令 DW 是从指定地址开始定义若干个 16 位数据。

一个 16 位数要占用两个单元的存储器，其中高 8 位存入低地址单元，低 8 位存入高地址单元，例如：

	ORG	1000H
TAB：	DW	1234H ,0ABH,10

汇编后：

$(1000H) = 12H$ $(1001H) = 34H$

$(1002H) = 00H$ $(1003H) = ABH$

$(1004H) = 00H$ $(1005H) = 0AH$

DB、DW 伪指令都只对程序存储器起作用，不能用来对数据存储器的内容进行赋值或进行其他初始化的工作。

3-3　51 系列单片机的定时器/计数器

3-3-1　定时器/计数器的概念

1. 计数概念的引入

从选票的统计谈起，画"正"就是一种计数。生活中计数的例子处处可见。例如：录音机上的计数器、家用的电能表、汽车上的里程表等。再举一个工业生产中的例子，线缆行业在电线生产出来之后要测量长度，用尺量不现实。可用一个周长是 1m 的轮子，将电缆绕在上面一圈，由线带动轮转，这样轮转一圈也就是线长 1m，所以只要记下轮转了多少圈，就可以知道走过的线有多长了。

2. 计数器的容量

从一个生活中的例子看起：一个水盆在水龙头下，水龙头没关紧，水一滴滴地滴入盆中。水滴不断落下，盆的容量是有限的，过一段时间之后，水就会逐渐变满。那么单片机中的计数器有多大的容量呢? 8051 系列单片机中有两个计数器,分别称之为 T0 和 T1,这两个计数器分别是由两个 8 位的 RAM 单元组成的,即每个计数器都是 16 位的计数器,最大的计数量是 65536。

3. 定时

8051 中的计数器除了用来计数外,还可以用作时钟,时钟的用途当然很大,如打铃器、电视机定时关机、空调定时开关等,那么计数器是如何作为定时器来用的呢? 一个闹钟,将它定时在 1h 后响铃,换言之,也可以说是秒针走了 3600 次,所以时间就转化为秒针走的次数,也就是计数的次数了,可见,计数的次数和时间的确十分相关。那么它们的关系是什么呢? 那就是秒针每一次走动的时间正好是 1s。

由此,单片机中的定时器/计数器是一个小器件,只不过计数器记录的是外界发生的事情,而定时器则是由单片机提供的一个非常稳定的计数源。

3-3-2 定时器/计数器的结构

定时器/计数器的基本结构如图 3-8 所示。它的基本部件是两个 8 位计数器(其中 TH_1 和 TL_1 是 T1 的计数器,TH_0 和 TL_0 是 T0 的计数器)。

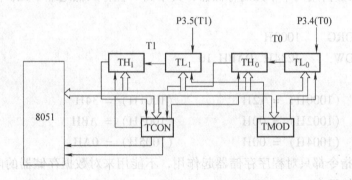

图 3-8 定时器/计数器的基本结构

在作定时器使用时,输入的时钟脉冲是由晶体振荡器的输出经 12 分频后得到的,所以定时器也可看做是对单片机机器周期的计数器(因为每个机器周期包含 12 个振荡周期,故每一个机器周期定时器加 1,可以把输入的时钟脉冲看成机器周期信号),故其频率为晶振频率的 1/12。如果晶振频率为 12MHz,则定时器每接收一个输入脉冲的时间为 1μs。

当它用作对外部事件计数时,引脚 T0(P3.4)或 T1(P3.5)需接相应的外部输入。在这种情况下,当检测到输入引脚上的电平由高跳变到低时,计数器就加 1(它在每个机器周期的 S5P2 时采样外部输入,当采样值在这个机器周期为高,在下一个机器周期为低时,则计数器加 1)。

3-3-3 控制寄存器

对定时器/计数器进行控制的寄存器共有两个,它们分别是:定时器/计数器控制寄存器(TCON)和工作方式寄存器(TMOD)。

1. 定时器/计数器控制寄存器（TCON）

定时器/计数器控制寄存器各位的定义见表 3-9。

表 3-9　定时器/计数器控制寄存器各位的定义

位地址	8FH	8EH	8DH	8CH	8BH	8AH	89H	88H
位符号	TF_1	TR_1	TF_0	TR_0	IE_1	IT_1	IE_0	IT_0

TF_0/TF_1：定时器/计数器溢出标志位。当定时器/计数器计数溢出时，由硬件使 TF_0/TF_1 置 "1"，并且申请中断。进入中断服务程序后，由硬件自动清 "0"。在查询方式下禁止中断，软件清 "0"。

TR_0/TR_1：定时器/计数器运行控制位。当 $GATE = 1$ 且 $INT0/INT1$ 为高电平时，TR_0/TR_1 置 "1" 即启动定时器/计数器。当 $GATE = 0$ 时，TR_0/TR_1 置 "1" 即启动定时器/计数器。TR_0/TR_1 清 "0" 即关闭定时器/计数器。

IE_0/IE_1：外部中断请求标志位。当 CPU 采样到 $INT0/INT1$ 端出现有效中断请求时，IE_0/IE_1 位由硬件置 "1"；当中断响应完成转向中断服务程序时，由硬件把 IE_0/IE_1 清 "0"。

IT_0/IT_1：外部中断触发方式控制位。$IT_0/IT_1 = 1$，脉冲触发方式，下降沿有效；$IT_0/IT_1 = 0$，电平触发方式，低电平有效。

2. 工作方式寄存器（TMOD）

功能：确定定时器/计数器的工作方式及功能选择。不能位寻址，工作方式寄存器各位的定义见表 3-10。

表 3-10　工作方式寄存器各位的定义

D_7	D_6	D_5	D_4	D_3	D_2	D_1	D_0
GATE	$C/\overline{T}$	M_1	M_0	GATE	$C/\overline{T}$	M_1	M_0

GATE：门控位。

当 $GATE = 0$：定时器/计数器仅受 TR 的控制。

当 $GATE = 1$：只有 $\overline{INT}$ 为高电平，且 $TR = 1$ 时，定时器/计数器才工作。

$C/\overline{T}$：功能选择位。

当 $C/\overline{T} = 0$：定时功能。

当 $C/\overline{T} = 1$：计数功能。

$M_1 M_0$：工作方式选择位。

当 $M_1 M_0 = 00$：工作方式 0。

当 $M_1 M_0 = 01$：工作方式 1。

当 $M_1 M_0 = 10$：工作方式 2。

当 $M_1 M_0 = 11$：工作方式 3。

3-3-4　定时器/计数器的工作方式

51 系列单片机的定时器/计数器共有 4 种工作方式。工作在工作方式 0、工作方式 1 和工作方式 2 时，定时器/计数器 0 和定时器/计数器 1 的工作原理完全一样，现以定时器/计数器 0 为例介绍前 3 种工作方式。

1. 工作方式 0（$M_1 M_0 = 00$）

（1）电路逻辑结构　工作方式 0 是 13 位计数器结构的工作方式，其计数器由 TH_0 的全部 8 位和 TL_0 的低 5 位构成。TL_0 的高 3 位弃之不用。图 3-9 所示是定时器/计数器 0 工作在工作方式 0 的逻辑结构图。

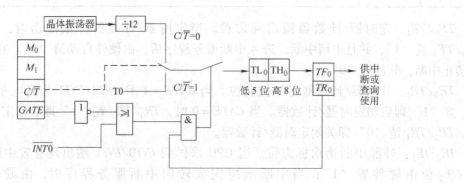

图 3-9　定时器/计数器 0 工作在工作方式 0 的逻辑结构图

当 $C/\overline{T} = 0$ 时，多路转换开关接通振荡脉冲的 12 分频输出，13 位计数器以此作为计数脉冲，这时实现定时功能。当 $C/\overline{T} = 1$ 时，多路转换开关接通计数引脚（T0），计数脉冲由外部引入，当计数脉冲发生负跳变时，计数器加 1，这时实现计数功能。不管哪种功能，当 13 位计数器发生溢出时，硬件自动把 13 位清零，同时硬件置位溢出标志位 TF_0。

在这里需要说明门控位（GATE）的用途，当 $GATE = 0$ 时，或门输出的高电平与 $\overline{INT0}$ 无关，此时与门的输出只受运行控制位 TR_0 控制。如果 $TR_0 = 0$，则与门输出为低电平，则模拟开关断开，定时器/计数器不工作。如果 $TR_0 = 1$，则与门输出为高电平，则模拟开关闭合，定时器/计数器工作。当 $GATE = 1$ 时，只有 TR_0 和 $\overline{INT0}$ 同时为高电平，定时器/计数器才工作，否则，定时器/计数器不工作。

（2）定时和计数的应用

计数范围：$1 \sim 2^{13}$。

计数计算公式：计数值 = 2^{13} – 计数初值。

定时范围：1 机器周期 $\sim 2^{13}$ 机器周期。

定时计算公式：定时时间 = $(2^{13}$ – 计数初值$) \times$ 机器周期。

如果晶振频率为 6MHz，则最大定时时间为：$2^{13} \times 1/6 \times 12 \mu s = 2^{14} \mu s$。

2. 工作方式 1（$M_1 M_0 = 01$）

（1）电路逻辑结构工作方式 1 是 16 位计数器结构的工作方式，其计数器由 TH_0 的全部 8 位和 TL_0 的全部 8 位构成，其电路逻辑结构和工作情况与工作方式 0 完全相同，所不同的只是计数器的位数。51 系列单片机之所以设置几乎完全一样的工作方式 0 和工作方式 1，是出于与 MCS-48 单片机兼容的目的。因为，MCS-48 单片机的定时器/计数器是 13 位的计数器结构。

（2）定时和计数的应用

计数范围：$1 \sim 2^{16}$。

计数计算公式：计数值 = 2^{16} – 计数初值。

定时范围：1 机器周期 ~ 2^{16} 机器周期。

定时计算公式：定时时间 = (2^{16} – 计数初值) × 机器周期。

如果晶振频率为 6MHz，则最大定时时间为：$2^{16} \times 1/6 \times 12\mu s = 2^{17}\mu s$。

例 3-1 设单片机晶振频率为 6MHz，使用 T1 以工作方式 1 实现计数功能，产生周期为 500μs 的等宽正方波，并由 P1.0 输出，以中断方式编程。

解： 题目的要求可用图 3-10 来表示。

由上图可以看出只要使 P1.0 的电位每隔 250μs 取一次反即可。所以定时时间应取 250μs。

（1）计算计数初值 设计数初值为 x，由定时计算公式知

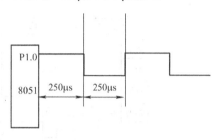

图 3-10 产生方波电路图

$$(2^{16} - x) \times 2\mu s = 250\mu s$$

$$x = 65411D$$

$$x = 1111111110000011B$$

$$x = 0FF83H$$

$$TH_1 = 0FFH, TL_1 = 83H$$

（2）专用寄存器的初始化（见表 3-11）

表 3-11 例 3-1 表

D_7	D_6	D_5	D_4	D_3	D_2	D_1	D_0
$GATE$	$C/\overline{T}$	M_1	M_0	$GATE$	$C/\overline{T}$	M_1	M_0
0	0	0	1	0	0	0	0

所以，TMOD 应设置为 10H。

（3）程序设计

```
        ORG     0000H
        AJMP    START
        ORG     1000H
START:  MOV     TMOD,#10H       ;写方式控制字
        MOV     TL1,#83H        ;置低 8 位计数值
        MOV     TH1,#0FFH       ;置高 8 位计数值
        SETB    TR1             ;启动 T1 计数
LOOP:   JBC     TF1,REPSET      ;判断 500μs 到时否,若到时,则清 TF1
                                ;且转到 REPSET
        AJMP    LOOP            ;没有到时则等待
REPSET: MOV     TL1,#83H        ;重置低 8 位计数值
        MOV     TH1,#0FFH       ;重置高 8 位计数值
        CPL     P1.0            ;电平翻转
```

```
        AJMP        LOOP
```

3. 工作方式 2 ($M_1 M_0 = 10$)

（1）电路逻辑结构　定时器/计数器工作在工作方式 2 的逻辑结构图如图 3-11 所示。

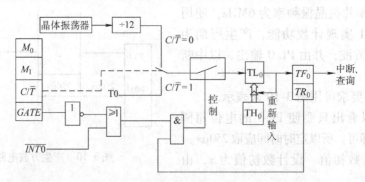

图 3-11　定时器/计数器工作在工作方式 2 的逻辑结构图

由图可以总结出工作方式 2 具有以下特点：8 位计数器 TL_0 作计数器，TH_0 作预置寄存器使用，计数溢出时，TH_0 中的计数初值自动装入 TL_0，即 TL_0 是一个自动恢复初值的 8 位计数器。在使用时，要把计数初值同时装入 TL_0 和 TH_0 中。优点是提高了定时准确度，减少了程序的复杂程度。

（2）定时和计数的应用

计数范围：$1 \sim 2^8$。

计数计算公式：计数值 = 2^8 – 计数初值。

定时范围：1 机器周期 $\sim 2^8$ 机器周期。

定时计算公式：定时时间 = (2^8 – 计数初值) × 机器周期。

例 3-2　用定时器/计数器 1 以工作方式 2 实现计数功能，每计数 100，累加器进行加 1 操作，以查询方式编写程序。

解：（1）计算计数初值。设计数初值为 x，由定时计算公式得

$$2^8 - x = 100$$

$$x = 156D = 9CH$$

$$TH_1 = TL_1 = 9CH$$

（2）专用寄存器的初始化（见表 3-12）

表 3-12　例 3-2 表

D_7	D_6	D_5	D_4	D_3	D_2	D_1	D_0
GATE	$C/\overline{T}$	M_1	M_0	GATE	$C/\overline{T}$	M_1	M_0
0	1	1	0	0	0	0	0

所以，TMOD 应设置为 60H。

（3）程序设计　使用查询方式设计程序如下：

```
MOV     IE,#00H          ;禁止中断
    MOV         TMOD,#60H       ;T1 工作在工作方式 2,计数功能
    MOV         TH1,#9CH
```

```
          MOV       TL1 ,#9CH          ;装载计数初值
START：   SETB      TR1                ;启动
DEL：     JBC       TF1 , LOOP
          AJMP      DEL
LOOP：    INC       A                  ;退出响应程序
          AJMP      START
```

4. 工作方式 3（$M_1 M_0 = 11$）

前面介绍的 3 种工作方式对两个定时器/计数器而言，工作原理是完全一样的。但在工作方式 3 下，两个定时器的工作原理却完全不同，因此要分开介绍。

（1）工作方式 3 下的定时器/计数器 0　在工作方式 3 下，定时器/计数器 0 被拆为两个独立的 8 位计数器 TL_0 和 TH_0。其中，TL_0 既可以作为计数功能使用，又可以作为定时功能使用，占用定时器/计数器 0 的运行控制位 TR_0 和溢出标志位 TF_0；TH_0 只能作为定时功能使用，由于定时器/计数器 0 的运行控制位 TR_0 和溢出标志位 TF_0 已被 TL_0 占用，因此 TH_0 占用了定时器/计数器 1 的运行控制位 TR_1 和溢出标志位 TF_1，即定时的启动和停止受 TR_1 的状态控制，而计数溢出时则置位 TF_1。

（2）工作方式 3 下的定时器/计数器 1　当定时器/计数器 0 工作在工作方式 3 时，定时器/计数器 1 只能工作在工作方式 0、工作方式 1 和工作方式 2。在这种情况下，定时器/计数器 1 只能作为波特率发生器使用，以确定串行口通信的速率。作为波特率发生器使用时，只要设置好工作方式，便可自动运行。如果要停止工作，只需要把定时器/计数器 1 设置在工作方式 3 就可以了。因为定时器/计数器 1 不能工作在工作方式 3，如果硬把它设置在工作方式 3，它就会停止工作。

项目 4　自动演奏简易电子琴的设计与制作

电子琴的使用处处可见。我们从小就听说过电子琴，电子琴不仅能弹奏，而且还可以自动地演奏优美动听的歌曲。它是如何实现的呢？本项目将设计并制作一个简易的电子琴，来揭示其中的奥秘。

●项目目标与要求

熟悉自动演奏简易电子琴的设计与制作的工作任务书及流程。

能根据设计要求写出设计方案。

在 PROTUES 环境下设计仿真电路图。

能设计并制作简易电子琴。

●项目工作任务

实现自动演奏歌曲的程序设计。

电子琴电路的设计与制作。

写项目设计报告。

●项目任务书

工作任务	任务实施流程	
任务 1 实现自动演奏歌曲的程序设计	任务 1-1　分析任务并写出设计方案	
	任务 1-2　设计实现简易电子琴的程序并仿真	
	任务 1-3　设计实现自动演奏歌曲的程序并仿真	
任务 2 电子琴电路的设计与制作	任务 2-1　分析任务并写出设计方案	
	任务 2-2　设计实现弹奏、自动演奏的程序并仿真	
	任务 2-3　制作电子琴的电路板	
	任务 2-4　烧录程序及软硬件联调	
	任务 2-5　写项目设计报告	

任务 1　实现自动演奏歌曲的程序设计

●学习目标

1）了解中断允许寄存器 IE 的应用。

2）了解中断优先级寄存器 IP 的应用。

3）熟悉中断子程序的调用与返回。

4）熟悉发声原理。

5）熟悉实现电子琴弹奏的程序设计方法。

6）熟悉实现歌曲演奏的程序设计方法。

●工作任务

1）能正确设置 IE、IP 的初值。

2）能正确设计子程序的入口地址。

3）能用中断方式实现延时。

4）能编制实现电子琴弹奏、演奏完整的程序。

任务 1-1　分析任务并写出设计方案

一、分析任务

1）能完成弹奏和演奏两种功能。

2）当弹奏时，按某个键就能发出相应音调的声音。

3）当按演奏的开始键，就可以自动演奏歌曲。

4）当演奏结束后又可以弹奏。

5）本任务只要在 PROTUES 环境下仿真成功即可。

二、设计方案

1. 键盘的设计

1）需设计一个简易的只有 8 个键的键盘。

2）键盘上的 8 个键接在 P2 口的 8 位上。

2. 发声电路的设计

用一蜂鸣器作发声器件，使用 74LS05 作为蜂鸣器的驱动电路。

●想一想、议一议

还有没有其他设计方案？

任务 1-2　设计实现简易电子琴的程序并仿真

1. 设计仿真电路图

在 PROTUES 环境下设计图 4-1 所示的简易电子琴仿真电路图。

步骤如下：

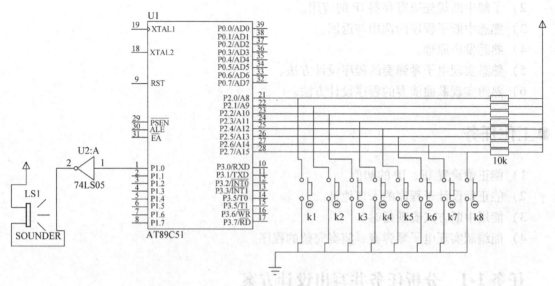

图 4-1　简易电子琴仿真电路图

1）启动 PROTUES 仿真软件。

2）根据表 4-1，在 PROTUES 元器件库中选择元器件。

表 4-1　简易电子琴电路的元器件表

元器件名称	所属类	所属子类
AT89C51（单片机）	Microprocessor ICs	8051Family
BUTTON（按钮）	Switches & Relays	Switches
MINRES10K	TTL 74LS series	All Sub
74LS05	TTL 74LS series	All Sub
SOUNDER	Switches & Relays	All Sub

3）设计图 4-1 所示的仿真电路图。

4）保存仿真电路图文件，文件名为"简易电子琴"。

2. 设计实现弹奏电子琴的程序

步骤如下：

1）启动 Keil 软件。

2）在 Keil 环境下编辑弹奏的汇编程序。程序设计分析如下：

① 由仿真电路图的功能要求可知：当键按下时，与其连接的输入口读取到低电平。要求制作一个 8 个键的电子琴，当按下 K1 键时发出 Do 的音；按下 K2 键时，发出 Re 的音，……，依次类推。C 调音符频率与计数值 T 的对应关系见表 4-2。

② 利用 51 系列单片机定时器 0，使其工作在工作方式 1 下，改变 TL_0 和 TH_0 的初值，以产生不同声音频率。

③ 将简谱码 T 值转换为十六进制数值，作为 TL_0 和 TH_0 的初值，音符、简谱码和十六进制数的对应关系见表 4-3。

表 4-2　C 调音符频率与计数值 T 的对应关系

键位	音符	频率/Hz	简谱码（T 值）
K1	中音 Do	523	64580
K2	中音 Re	587	64684
K3	中音 Mi	659	64777
K4	中音 Fa	698	64820
K5	中音 So	784	64898
K6	中音 La	880	64968
K7	中音 Si	988	65030
K8	高音 Do	1046	65058

表 4-3　音符、简谱码和十六进制数的对应关系

音符	简谱码（T 值）	十六进制数	TH_0	TL_0
中音 Do	64580	FC44H	FCH	44H
中音 Re	64684	FCACH	FCH	ACH
中音 Mi	64777	FD09H	FDH	09H
中音 Fa	64820	FD34H	FDH	34H
中音 So	64898	FD82H	FDH	82H
中音 La	64968	FDC8H	FDH	C8H
中音 Si	65030	FE06H	FEH	06H
高音 Do	65058	FE22H	FEH	22H

3）汇编程序的设计：

```
;********************************************
;              电子琴弹奏程序
;********************************************
            BUZZ   EQU   P1.0              ;定义端口
            ORG    0000H
            LJMP   MAIN
            ORG    000BH
            LJMP   INT_T0
            ORG    0100H
MAIN:       MOV    SP,#60H                 ;初始化堆栈指针
            MOV    P2,#0FFH                ;设置 P1 口为输入模式
            MOV    TMOD,#01H               ;设置定时器 0 为工作方式 1
            SETB   EA                      ;开总中断
            SETB   ET0                     ;开定时器 0 中断
            CLR    TR0                     ;关闭定时器 0
START:      MOV    R0,P2                   ;将读得的 P1 状态给 R0
```

```
              CJNE    R0,#0FFH,KEY1           ;检查有没有按键,有按键转去 KEY1
              CLR     TR0
              SJMP    START                   ;没有按键再去读键状态
KEY1：        CJNE    R0,#0FEH,KEY2           ;K1 键被按下
              MOV     31H,#44H               ;设置音阶中音 Do
              MOV     30H,#0FCH
              LJMP    SET_TIMER               ;转去发声
KEY2：        CJNE    R0,#0FDH,KEY3           ;K2 键被按下
              MOV     31H,#0ACH              ;设置音阶中音 Re
              MOV     30H,#0FCH
              LJMP    SET_TIMER               ;转去发声
KEY3：        CJNE    R0,#0FBH,KEY4           ;K3 键被按下
              MOV     31H,#09H               ;设置音阶中音 Mi
              MOV     30H,#0FDH
              LJMP    SET_TIMER               ;转去发声
KEY4：        CJNE    R0,#0F7H,KEY5           ;K4 键被按下
              MOV     31H,#43H               ;设置音阶中音 Fa
              MOV     30H,#0FDH
              LJMP    SET_TIMER               ;转去发声
KEY5：        CJNE    R0,#0EFH,KEY6           ;K5 键被按下
              MOV     31H,#82H               ;设置音阶中音 So
              MOV     30H,#0FDH
              LJMP    SET_TIMER               ;转去发声
KEY6：        CJNE    R0,#0DFH,KEY7           ;K6 键被按下
              MOV     31H,#0C8H              ;设置音阶中音 La
              MOV     30H,#0FDH
              LJMP    SET_TIMER               ;转去发声
KEY7：        CJNE    R0,#0BFH,KEY8           ;K7 键被按下
              MOV     31H,#06H               ;设置音阶中音 Si
              MOV     30H,#0FEH
              LJMP    SET_TIMER               ;转去发声
KEY8：        CJNE    R0,#7FH,NOKEY           ;K7 键被按下
              MOV     31H,#22H               ;设置音阶高音 Do
              MOV     30H,#0FEH
              LJMP    SET_TIMER               ;转去发声
SET_TIMER：
              SETB    TR0                     ;发声
              LJMP    START
NOKEY：       CLR     TR0                     ;无键按下
```

```
            LJMP    START
;T0 中断服务程序
INT_T0：    MOV     TH0,30H                 ;定时器赋初值
            MOV     TL0,31H
            CPL     BUZZ                    ;输出方波
            RETI
            END
```

4）建立可执行文件".hex"。

3. 仿真操作

步骤如下：

1）启动 PROTUES 仿真软件。

2）双击仿真电路图中的"CPU"将前面建立的".hex"文件装入。

3）单击界面左下方的运行按钮。

4）依次单击 P2 口上的 K1、K2、K3、K4、K5、K6、K7、K8 键，听一听声音的变化。

●想一想、议一议

1. 分析程序，在本程序中有哪些知识是前面没有遇到过的？如何理解？
2. 程序中声音的频率产生是用定时器中断实现的，用查询方法可以实现吗？

●读一读

要想探讨上面的问题，先读一读本项目"相关知识4"中的内容。

●巩固提高

编写一个可以弹奏高音阶的程序。

任务1-3 设计实现自动演奏歌曲的程序并仿真

1. 启动仿真电路图

在 PROTUES 环境下启动仿真电路图，如图4-1所示。步骤如下：

1）启动 PROTUES 软件。

2）打开"简易电子琴"文件。

2. 设计实现自动演奏歌曲的程序

步骤如下：

1）启动 Keil 软件。

2）在 Keil 环境下编辑"生日快乐歌"程序。

① 生日快乐歌的简谱如图4-2所示。

生 日 快 乐 歌

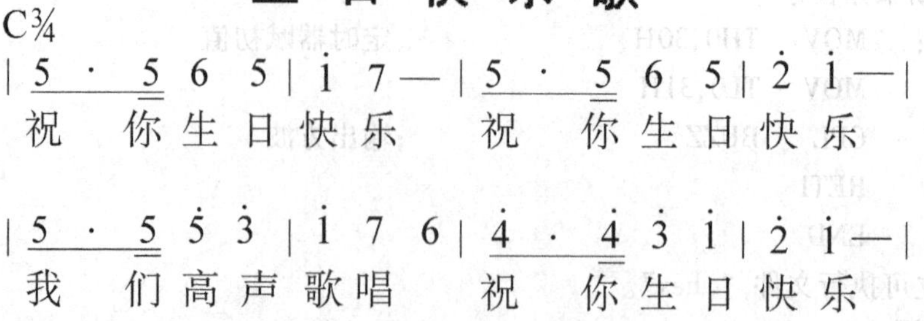

C¾

| 5 · 5̲ 6 5 | 1̇ 7 — | 5 · 5̲ 6 5 | 2̇ 1̇ — |
祝　　你 生 日 快 乐　　祝　　你 生 日 快 乐

| 5 · 5̲ 5̇ 3̇ | 1̇ 7 6 | 4̇ · 4̲̇ 3̇ 1̇ | 2̇ 1̇ — |
我　们 高 声 歌 唱　　祝　　你 生 日 快 乐

图 4-2　生日快乐歌的简谱

② 程序分析：

首先把乐谱的音符找出，再把 T 值表建立在 "TABLE1" 中，构成发音符的相关计数值放在 "TABLE" 中。

音符节拍码中，简谱码（音符）为音符节拍码的高 4 位，节拍（节拍数）码为音符节拍码的低 4 位，音符节拍码放在程序的 "TABLE" 处。在生日快乐歌中最低音是 "低音 So"，最高音是 "高音 So"，见表 4-4。

表 4-4　简谱对应的简谱码、T 值、节拍数

简谱	发音	简谱码	T 值	节拍码	节拍数
5̣	低音 So	1	64260	1	1/4 拍
6̣	低音 La	2	64400	2	2/4 拍
7̣	低音 Si	3	64524	3	34 拍
1	中音 Do	4	64580	4	1 拍
2	中音 Re	5	64684	5	1 又 1/4 拍
3	中音 Mi	6	64777	6	1 又 1/2 拍
4	中音 Fa	7	64820	8	2 拍
5	中音 So	8	64898	A	2 又 1/2 拍
6	中音 La	9	64968	C	3 拍
7	中音 Si	A	65030	F	3 又 3/4 拍
1̇	高音 Do	B	65058		
2̇	高音 Re	C	65110		
3̇	高音 Mi	D	65157		
4̇	高音 Fa	E	65178		
5̇	高音 So	F	65217		
	不发音	0			

如生日快乐歌中前 4 节的音符节拍码为：

第一节：第 1 个音符 5，中音 So 简谱码是 8，2/4 拍节拍码是 2，所以音符节拍码为 82H。"．"不发音简谱码是 0，1/4 拍节拍码是 1，所以音符节拍码为 01H。

第 2 个音符 5，中音 So 简谱码是 8，1/4 拍节拍码是 1，所以音符节拍码为 81H。第 3 个音符 6，中音 So 简谱码是 9，1 拍节拍码是 4，所以音符节拍码为 94H。

第 4 个音符 5，中音 So 简谱码是 8，1 拍节拍码是 4，所以音符节拍码为 84H。

所以第一节的音符节拍码为：82H，01H，81H，94H，84H。

依此类推：

第二节的音符节拍码为：0B4H，0A4H，04H。

第三节的音符节拍码为：82H，01H，81H，94H，84H。

第四节的音符节拍码为：0C4H，0B4H，04H。

生日快乐歌中后 4 节的音符节拍码为：

第一节的音符节拍码为：82H，01H，81H，0F4H，0D4H。

第二节的音符节拍码为：0B4H，0A4H，94H。

第三节的音符节拍码为：0E2H，01H，0E1H，0D4H，0B4H。

第四节的音符节拍码为：0C4H，0B4H，04H。

将其放入程序的查表"TABLE"中，将表中 T 值按顺序放入程序的查表"TABLE1"中。

③ 程序设计：

```
;************************************
;    生日快乐歌程序
;************************************
        ORG     0000H           ;调试地址
        AJMP    MAIN
        ORG     000BH           ;T0 中断入口
        AJMP    INTT0
        ORG     0100H
MAIN：  MOV     SP,#60H
        MOV     TMOD,#01H
        SETB    ET0
        SETB    EA
        SETB    TR0
START0：SETB    P1.0
        MOV     30H,#00H        ;音符节拍码指针
NEXT：  MOV     A,30H           ;音符节拍码指针载入 A
        MOV     DPTR,#TABLE     ;至 TABLE 取音符节拍码
        MOVC    A,@A+DPTR
        MOV     R2,A            ;取到的音符节拍码暂存 R2
        JZ      ENDD            ;是否取到结束码"00"？是就转到 ENDD
        ANL     A,#0FH          ;不是,则取低 4 位(节拍码)
```

	MOV	R5,A	;将节拍码存入 R5
	MOV	A,R2	;将音符节拍码再载入 A
	SWAP	A	;高低 4 位交换
	ANL	A,#0FH	;取低 4 位(音符码)
	JNZ	SING	;音符码是否为 0? 不是,则转到发音
	CLR	TR0	;是,则不发音
	JMP	D1	;转到 D1 基本单位时间 187ms
SING:	DEC	A	;取到的音符码减 1
	MOV	22H,A	;存入 22H
	RL	A	;乘 2
	MOV	DPTR,#TABLE1	;到 TABLE1 中取相对的高位字节值
	MOVC	A,@ A + DPTR	
	MOV	TH0,A	;取到的高位字节存入 TH0
	MOV	21H,A	;取到的高位字节存入 21H
	MOV	A,22H	;再将取到的音符码载入 A
	RL	A	;乘 2
	INC	A	;加 1
	MOVC	A,@ A + DPTR	;到 TABLE1 中取相对的低位字节值
	MOV	TL0,A	;取到的低位字节存入 TL0
	MOV	20H,A	;取到的高位字节存入 20H
	SETB	TR0	;启动 T0
D1:	ACALL	DELAY	;调用基本单位时间 187ms 子程序
	INC	30H	;取音符节拍码指针加 1
	JMP	NEXT	;转到 NEXT 再取下一个音符节拍码
ENDD:	CLR	TR0	;停止 T0
	JMP	MAIN	;重复循环
INTT0:			
	PUSH	PSW	;将 PSW 的值暂存于堆栈中
	PUSH	ACC	;将 A 的值暂存于堆栈中
	MOV	TL0,20H	;重设计数值
	MOV	TH0,21H	
	CPL	P1.0	;P1.0 位取反
	POP	ACC	;从堆栈中取回 A 的值
	POP	PSW	;从堆栈中取回 PSW 的值
	RETI		;返回主程序
DELAY:	MOV	R7,#02	;延时 187ms
DELAY0:	MOV	R4,#187	

```
DELAY1：  MOV    R3,#248
          DJNZ   R3,$
          DJNZ   R4,DELAY1
          DJNZ   R7,DELAY0
          DJNZ   R5,DELAY
          RET
```

```
TABLE：                              ;音符节拍表
   ;前 4 节
   DB 82H,01H,81H,94H,84H            ;第一节
   DB 0B4H,0A4H,04H                  ;第二节
   DB 82H,01H,81H,94H,84H 节         ;第三节
   DB 0C4H,0B4H,04H                  ;第四节
   ;后 4 节
   DB 82H,01H,81H,0F4H,0D4H          ;第一节
   DB 0B4H,0A4H,94H                  ;第二节
   DB 0E2H,01H,0E1H,0D4H,0B4H        ;第三节
   DB 0C4H,0B4H,04H                  ;第四节
   DB 00                             ;终止数

TABLE1：                             ;音符 T 值表
   DW 64260,64400,64524,64580,64684
   DW 64777,64820,64898,64968,65030
   DW 65058,65110,65157,65178,65217
   END
```

3）建立可执行文件".hex"。

3. 仿真操作

1）启动 PROTUES 仿真软件。

2）双击仿真电路图中的"CPU"将".hex"文件装入。

3）单击界面左下方的运行按钮，则可听到歌声。

●想一想、议一议

分析程序，在程序中哪个程序段决定了频率的快慢，如果想让节奏慢些或快些，应该如何修改程序？

●巩固提高

根据图 4-3 所示的简谱图，编写歌曲程序并仿真。

绿 岛 小 夜 曲

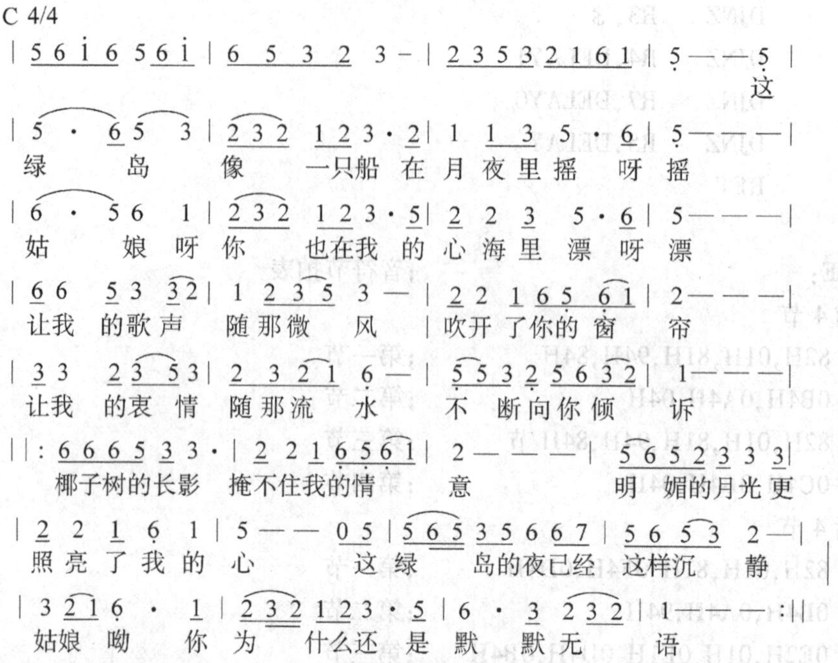

C 4/4

| 5 6 1̇ 6 5 6 1̇ | 6 5 3 2 3 - | 2 3 5 3 2 1 6 1 | 5 — — 5 |
这

| 5 · 6 5 3 | 2 3 2 1 2 3 · 2 | 1 1 3 5 · 6 | 5 — — — |
绿 岛 像 一只船 在月夜里摇 呀 摇

| 6 · 5 6 1 | 2 3 2 1 2 3 · 5 | 2 2 3 5 · 6 | 5 — — — |
姑 娘呀你 也在我的心海里漂 呀 漂

| 6 6 5 3 3 2 | 1 2 3 5 3 — | 2 2 1 6 5 6 1 | 2 — — — |
让我 的歌声 随那微 风 吹开了你的窗 帘

| 3 3 2 3 5 3 | 2 3 2 1 6 — | 5 5 3 2 5 6 3 2 | 1 — — — |
让我 的衷情 随那流 水 不 断向你倾 诉

| : 6 6 6 5 3 3 · | 2 2 1 6 5 6 1 | 2 — — — | 5 6 5 2 3 3 |
椰子树的长影 掩不住我的情 意 明 媚的月光更

| 2 2 1 6 1 | 5 — — 0 5 | 5 6 5 3 5 6 6 7 | 5 6 5 3 2 — |
照 亮了我的 心 这绿 岛的夜已经 这样沉 静

| 3 2 1 6 · 1 | 2 3 2 1 2 3 · 5 | 6 · 3 2 3 2 | 1 — — — : |
姑 娘呦 你为 什么还是默 默无 语

图4-3 绿岛小夜曲的简谱图

任务 2 电子琴电路的设计与制作

●学习目标

1）进一步熟悉 51 系列单片机的中断源及其中断入口地址的应用。
2）熟练中断请求、中断响应及中断返回技术的应用。
3）熟悉电子琴完整程序的编写方法。

●工作任务

1）能编写完整的实现简易电子琴功能的程序。
2）能使用合适的电子元器件设计实现发出声音的电路。
3）能设计与主板连接的接口电路。
4）会正确布线、焊接并制作。

任务 2-1 分析任务并写出设计方案

一、分析任务

1）能完成弹奏和演奏两种功能。

2）按下弹奏转换键时可以开始弹奏，按某个键就能发出相应音调的声音。

3）按下演奏转换键时就开始自动演奏歌曲。

4）当演奏结束时又可以弹奏。

5）本任务既要在 PROTUES 环境下仿真实现又要制作实物电路。

二、设计方案

1. 键盘的设计

1）设计一个简易的只有 8 个键的键盘。

2）键盘上的 8 个键接在 P2 的 8 位上。

2. 发声电路的设计

用一蜂鸣器作发声器件，为便于仿真，用一个 74LS05 驱动蜂鸣器。

3. 弹奏和演奏转换键设计

用两个按钮作为转换按键，一个为弹奏键，一个为演奏键。

●想一想、议一议

有没有其他设计方案，如果有又如何实现？

任务2-2　设计实现弹奏、自动演奏的程序并仿真

1. 设计仿真电路图

在 PROTUES 环境下设计图 4-4 所示的实现弹奏并自动演奏的仿真电路图。步骤如下：

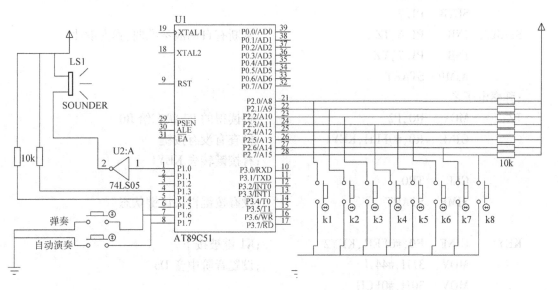

图 4-4　实现弹奏并自动演奏的仿真电路图

1）启动 PROTUES 软件。

2）画出图 4-4 所示的仿真电路图。

3) 保存仿真电路图文件，文件名为"弹演奏电子琴"。

2. 设计实现电子琴的程序

步骤如下：

1) 启动 Keil 软件。

2) 在 Keil 环境下编辑下面的程序。

```
;* * * * * * * * * * * * * * * * * * * * * * * * * * * * * * * * *
;    自动演奏电子琴程序
;* * * * * * * * * * * * * * * * * * * * * * * * * * * * * * * * *
        BUZZ    EQU  P1.0           ;定义端口
        ORG     0000H
        LJMP    MAIN
        ORG     000BH
        LJMP    INT_T0
        ORG     0100H
MAIN:   MOV     SP,#60H             ;初始化堆栈指针
        MOV     P2,#0FFH            ;设置 P2 口为输人模式
        MOV     TMOD,#01H           ;设置定时器 0 为工作模式 1
        SETB    EA                  ;开中断
        SETB    ET0                 ;开定时器 0 中断
        CLR     TR0                 ;关闭定时器 0
        SETB    p1.0
        SETB    P1.6
        SETB    P1.7
START:  JNB     P1.6,TZ             ;判断有自动演奏歌曲,弹奏歌曲
        JNB     P1.7,YZ
        AJMP    START
;弹奏电子琴
TZ:     MOV     R0,P2               ;将读得的 P2 状态给 R0
        CJNE    R0,#0FFH,KEY1       ;检查有没有按键
                                    ;有按键转去 KEY1
        CLR     TR0
        SJMP    START               ;没有按键再去读键状态

KEY1:   CJNE    R0,#0FEH,KEY2       ;K1 键被按下
        MOV     31H,#44H            ;设置音阶中音 Do
        MOV     30H,#0FCH
        LJMP    SET_TIMER           ;转去发声
KEY2:   CJNE    R0,#0FDH,KEY3       ;K2 键被按下
        MOV     31H,#0ACH           ;设置音阶中音 Re
```

```
              MOV     30H,#0FCH
              LJMP    SET_TIMER              ;转去发声
KEY3：   CJNE    R0,#0FBH,KEY4          ;K3 键被按下
              MOV     31H,#09H               ;设置音阶中音 Mi
              MOV     30H,#0FDH
              LJMP    SET_TIMER              ;转去发声
KEY4：   CJNE    R0,#0F7H,KEY5          ;K4 键被按下
              MOV     31H,#43H               ;设置音阶中音 Fa
              MOV     30H,#0FDH
              LJMP    SET_TIMER              ;转去发声
KEY5：   CJNE    R0,#0EFH,KEY6          ;K5 键被按下
              MOV     31H,#82H               ;设置音阶中音 So
              MOV     30H,#0FDH
              LJMP    SET_TIMER              ;转去发声
KEY6：   CJNE    R0,#0DFH,KEY7          ;K6 键被按下
              MOV     31H,#0C8H              ;设置音阶中音 La
              MOV     30H,#0FDH
              LJMP    SET_TIMER              ;转去发声
KEY7：   CJNE    R0,#0BFH,KEY8          ;K7 键被按下
              MOV     31H,#06H               ;设置音阶中 Si
              MOV     30H,#0FEH
              LJMP    SET_TIMER              ;转去发声
KEY8：   CJNE    R0,#7FH,NOKEY         ;K8 键被按下
              MOV     31H,#22H               ;设置音阶高音 Do
              MOV     30H,#0FEH
              LJMP    SET_TIMER              ;转去发声
SET_TIMER：
              SETB    TR0                    ;发声
              LJMP    START
NOKEY：CLR     TR0                    ;无键按下
              LJMP    START
;自动演奏生日快乐歌
YZ：       MOV     40H,#00H               ;音符节拍码指针
NEXT：   MOV     A,40H                  ;音符节拍码指针载入 A
              MOV     DPTR,#TABLE            ;至 TABLE 取音符节拍码
              MOVC    A,@ A + DPTR
              MOV     R2,A                   ;取到的音符节拍码暂存入 R2
              JZ      ENDD                   ;是否取到结束码"00"？是就转到 ENDD
              ANL     A,#0FH                 ;不是,则取低 4 位(节拍码)
```

```
        MOV    R5,A               ;将节拍码存入 R5
        MOV    A,R2               ;将音符节拍码再载入 A
        SWAP   A                  ;高低 4 位交换
        ANL    A,#0FH             ;取低 4 位(音符码)
        JNZ    SING               ;音符码是否为 0？不是,则转到发音
        CLR    TR0                ;是,则不发音
        JMP    D1                 ;转到 D1,基本单位时间为 187ms
SING：  DEC    A                  ;取到的音符码减 1
        MOV    32H,A              ;存入 32H
        RL     A                  ;乘 2
        MOV    DPTR,#TABLE1       ;到 TABLE1 中取相对的高位字节值
        MOVC   A,@ A + DPTR
        MOV    TH0,A              ;取到的高位字节存入 TH0
        MOV    30H,A              ;取到的高位字节存入 30H
        MOV    A,32H              ;再将取到的音符码载入 A
        RL     A                  ;乘 2
        INC    A                  ;加 1
        MOVC   A,@ A + DPTR       ;到 TABLE1 中取相对的低位字节值
        MOV    TL0,A              ;取到的低位字节存入 TL0
        MOV    31H,A              ;取到的低位字节存入 31H
        SETB   TR0                ;启动 T0
D1：    CALL   DELAY              ;调用基本单位时间为 187ms 的子程序
        INC    40H                ;取音符节拍码指针加 1
        JMP    NEXT               ;转到 NEXT 再取下一个音符节拍码
ENDD：  CLR    TR0                ;停止 T0
        JMP    START              ;重复循环
;T0 中断服务程序
INT_T0：PUSH   PSW                ;将 PSW 的值暂存于堆栈中
        PUSH   ACC                ;将 A 的值暂存于堆栈中
        MOV    TH0,30H            ;定时器赋初值
        MOV    TL0,31H
        CPL    BUZZ               ;发出方波
        POP    ACC                ;从堆栈中取回 A 的值
        POP    PSW                ;从堆栈中取回 PSW 的值
        RETI

DELAY： MOV    R7,#02             ;延时 187ms
DELAY0：MOV    R4,#187
DELAY1：MOV    R3,#248
```

```
        DJNZ   R3,$
        DJNZ   R4,DELAY1
        DJNZ   R7,DELAY0
        DJNZ   R5,DELAY
        RET
```

TABLE：   ;音符节拍表
;前 4 节
  DB 82H,01H,81H,94H,84H
  DB 0B4H,0A4H,04H
  DB 82H,01H,81H,94H,84H
  DB 0C4H,0B4H,04H
;后 4 节
  DB 82H,01H,81H,0F4H,0D4H
  DB 0B4H,0A4H,94H
  DB 0E2H,01H,0E1H,0D4H,0B4H
  DB 0C4H,0B4H,04H
  DB 00
TABLE1：   ;音符 T 值表
  DW 64260,64400,64524,64580,64684
  DW 64777,64820,64898,64968,65030
  DW 65058,65110,65157,65178,65217
  END

3）建立可执行文件"TZ_ YZ. hex"。

3. 仿真操作

1）启动 PROTUES 仿真软件。

2）双击仿真电路图中的"CPU"将"TZ_YZ. hex"文件装入。

3）单击界面左下方的运行按钮。

4）单击"弹奏"按键，开始弹奏歌曲。

5）单击"自动演奏"按键，听生日快乐歌曲。

●想一想、议一议

如果在电子琴中再加一首歌，程序应该如何修改?

●巩固提高

编写一个能将弹奏的歌曲录制并自动演奏出来的程序。

任务 2-3 制作电子琴的电路板

1. 设计仿真电路图

在 PROTUES 环境下设计图 4-5 所示的电子琴仿真电路图（参考电路图）。

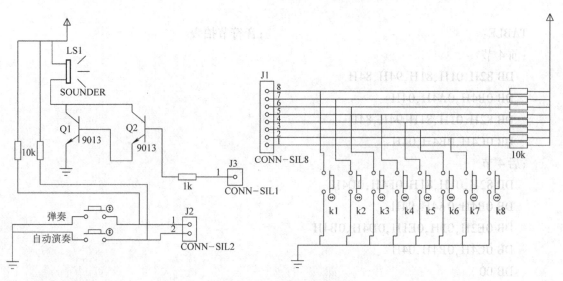

图 4-5 电子琴仿真电路图

2. 填表

根据所设计的仿真电路图，将所用的元器件填写在表 4-5 所示的元器件表中并测试元器件。

表 4-5 制作电子琴所需的元器件表

序　　号	标　　号	元器件名称	数　　量	单　　位

3. 工具

1）万用表 20 块（每小组 2 人一块）。

2）直流稳压电源 20 台。

3）芯片烧录器 20 个。

4）电烙铁 40 个、焊锡丝若干。

4. 制作工艺要求

1）根据图 4-5，设计电子琴电路，要求布局要合理、美观。

2）电路控制板 I/O 接线端口的位置要方便与主板接口电路连接。

3）焊点要均匀。

4）在设计电路板焊接图时，要考虑尽量避免出现跨接线。

5）所有接地线都连接在一起，所有电源线也连接在一起。

6）焊接时，每一步都要按焊接工艺要求去做。

5. 画出制板焊接图

根据设计的原理图绘出制板焊接图，要求走线布局合理，尽量避免跨接线。

6. 安装元器件并焊接

选择设计中所需的元器件，并进行测试，筛去不合格的元器件。

7. 检测焊接好的电路板

将测试好的元器件按照绘制的制板焊接图，安装到万用板上并焊接。焊接时不要出现虚焊。

任务2-4　烧录程序及软硬件联调

1. 烧录程序

将编制好的"TZ_YZ. hex"文件烧录到 AT89S51 CPU 中。

2. 软硬件调试

1）将写好的 CPU 芯片装到主板的 CPU 插座上。

2）将电子琴电路控制板与主板按表4-6进行连接。

表4-6　参考连线表

序　号	主　　板	电子琴电路控制板
连接 1	5V/GND	5V/GND
连接 2	P2.0 ~ P2.7	J1_1 ~ J1_8
连接 3	P1.0	J3
连接 3	P1.6 ~ P1.7	J2_1 ~ J2_2

说明：主板上 P2 口的 8 位与电子琴电路控制板 J1 的 8 个孔接线端分别连接；主板上的 P1.0 脚与电路控制板 J3 的 1 脚接线端连接；主板上的 P1.6、P1.7 脚与电路控制板 J2 的 1 脚、2 脚接线端连接。

3）将主板与电路控制板连接，并接上 5V 电源。

4）运行程序，按"弹奏"键可开始弹奏歌曲，按"自动演奏"键听生日快乐歌曲。

5）填写表 4-7 所示的调试记录表。

表 4-7　调试记录表

调 试 项 目	调 试 结 果	原 因 分 析

●想一想、议一议

如果将电路控制板 J1 的 8 个孔接线端分别连到主板上 P3 口的 P3.0 ~ P3.7，如何修改程序才能实现相同功能？

任务2-5　写项目设计报告

项目4　设计报告

姓　　名		班　　级	
项目名称：			

项目名称：

目标：

项目设计方案：

测试步骤：

项目设计及制作中遇到的问题及解决办法：

产品功能说明书：

设计经验总结：

●项目工作检验与评估

考核项目及分值	学生自评分	项目小组长评分	老师评分
现场 5S 工作(工作纪律、工具整理、现场清扫等)(10 分)			
设计方案(5 分)			
在 PROTUES 环境下设计原理图(10 分)(自己设计加 5 分)			
绘制焊接图,错一处扣 1 分(5 分)			
电路板制作(10 分)			
程序流程图设计,错、漏一处扣 3 分(10 分)			
在 Keil 环境下设计程序(20 分)			
烧录程序(5 分)			
上电测试,元器件焊错扣 2 分、一个虚焊点扣 1 分(15 分)			
设计报告(10 分)			
总分			

●经验总结

1. 调试经验

1)当蜂鸣器不能正常发声时:

① 查看电源是否接好。

② 查看主板与电子琴电路控制板的连接线是否接好。

③ 查看电路控制板是否虚焊。

④ 查看晶体管的三个脚是否焊错。

2)弹奏电子琴没有声音时:

① 查看键盘的各键是否有虚焊。

② 查看按钮是否按对角焊接。

③ 查看与主板的接线是否接上。

3)弹奏音调不对时:

① 查看键盘的各键与主板的接线是否正确。

② 查看程序的引脚定义与电路图是否一致。

4)如果电路没有问题,就查看 CPU 程序烧录是否有问题。(可重新烧录一次)

2. 焊接经验

1)按钮要焊对角。

2)焊接时间应尽量短,焊点不能在引脚根部。焊接时应使用镊子夹住引脚根部以利于散热,宜用中性助焊剂(松香)或选用松香焊锡丝。

3)严禁用有机溶液浸泡或清洗。

●巩固提高练习

一、理论题

1. 什么是中断？什么是中断源？举一生活中的例子说明这些概念。

2. 中断与调用子程序有何异同？

3. AT89C51 单片机与 AT89S52 单片机各有几个中断源？各有几级中断优先级？各自的中断标志是怎样产生的，又是如何清除的？

4. 中断响应时间是否为确定不变的？为什么？

5. AT89C51 单片机响应中断后，中断入口地址各是多少？

6. 51 系列单片机响应中断的条件是什么？各中断源的中断服务程序的入口地址是多少？

7. 简述 CPU 响应中断的过程。

8. 保护断点和保护现场各解决什么问题？

9. 外部中断有几种触发方式？如何选择？在何种触发方式下，需要在外部设置中断请求触发器？为什么？

10. AT89C51 单片机有 5 个中断源，但只能设两个中断优先级，因此，在中断优先级安排上受到一定限制。试问以下几种中断优先顺序的安排（级别由高到低）是否可能？若可能，则应如何设置中断源的中断级别？否则，请简述不可能的理由。

（1）定时器/计数器 0 溢出中断，定时器/计数器 1 溢出中断，外部中断 0，外部中断 1，串行口中断。

（2）串行口中断，外部中断 0，定时器/计数器 0 溢出中断，外部中断 1，定时器/计数器 1 溢出中断。

（3）外部中断 0，定时器/计数器 1 溢出中断，外部中断 1，定时器/计数器 0 溢出中断，串行口中断。

（4）外部中断 0，外部中断 1，串行口中断，定时器/计数器 0 溢出中断，定时器/计数器 1 溢出中断。

（5）串行口中断，定时器/计数器 0 溢出中断，外部中断 0，外部中断 1，定时器/计数器 1 溢出中断。

（6）外部中断 0，外部中断 1，定时器/计数器 0 溢出中断，串行口中断，定时器/计数器 1 溢出中断。

（7）外部中断 0，定时器/计数器 1 溢出中断，定时器/计数器 0 溢出中断，外部中断 1，串行口中断。

11. 在 AT89C51 单片机的 INT0 脚外接脉冲信号，要求每送来一个脉冲，把 30H 单元值加 1，若 30H 单元计满则进位 31H 单元。试利用中断结构，编制一个脉冲计数程序。

12. 设在单片机的 P1.0 脚接一个开关，用 P1.1 脚控制一个发光二极管。要求当开关按下时 P1.1 脚能输出低电平，控制发光二极管发亮，编制一个查询方式的控制程序。如果开关改接在 INT0 脚，改用中断的方式，编一个中断方式的控制程序。

13. 用两个开关在两地控制一盏楼梯灯，用单片机控制，两个开关分别接在 INT0 和

INT1，采用中断方式编制一个控制程序。

14. 填空：

（1）AT89C51 单片机有____个中断源，有____个中断优先级，优先级由软件修改特殊功能寄存器____加以选择。

（2）外部中断的请求标志是____和____。

15. 选择：

（1）51 系列单片机中，CPU 正在处理定时器/计数器 1 中断，若有同一优先级的外部中断 0 又提出中断请求，则 CPU（   ）。

A. 响应外部中断 0   B. 继续进行原来的中断处理

C. 发生错误   D. 不确定

（2）中断服务程序的最后一条指令必须是（   ）。

A. END   B. RET   C. RETI   D. AJMP

（3）在中断服务程序中，至少应有一条指令必须是（   ）。

A. 传送指令   B. 转移指令   C. 加法指令   D. 中断返回指令

（4）51 系列单片机响应中断时，下列哪种操作不会自动发生（   ）。

A. 保护现场   B. 保护 PC   C. 找到中断入口地址   D. 转入中断入口地址

二、设计题

1. 在 PROTUES 环境下设计图 4-6 所示的电路图。

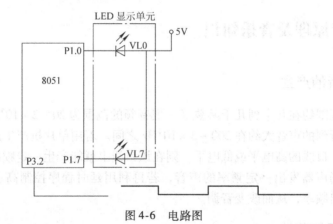

图 4-6 电路图

2. 程序分析：

```
        ORG     0000H
        LJMP    MAIN        ;转主程序
        ORG     0003H       ;外部中断 0 入口地址
        LJMP    EXTER       ;转中断程序
        ORG     1000H
MAIN：   CLR     IT0         ;外部中断 0 低电平有效
        SETB    EX0         ;外部中断 0 允许
        SETB    EA          ;总中断允许
```

```
LOOP:      AJMP    LOOP           ; 等待中断

           ORG     1050H          ; 中断程序入口
EXTER:     MOV     R2, #0FFH      ; 置循环次数
           MOV     A, #01H        ; 灯亮初值
FLASH:     RR      A              ; 灯亮初值
           MOV     R7, #0FFH      ; 延时
LOOP1:     MOV     R6, #0FFH
LOOP2:     NOP
           NOP
           DJNZ    R6, LOOP2
           DJNZ    R7, LOOP1
           MOV     P1, A          ; 控制灯的亮灭
           DJNZ    R2, FLASH      ; 循环
           RETI                   ; 中断返回
           END
```

相关知识 4

4-1 发音原理及音乐知识

4-1-1 声音的产生

声音的频谱范围约在几十到几千赫兹（一般音频的范围为 $20 \sim 2 \times 10^4 \, \mathrm{Hz}$），而人类用耳朵能比较清晰地听到的声音大约在 $200 \sim 2 \times 10^4 \, \mathrm{Hz}$ 之间。若用单片机产生声音，可利用程序来控制单片机某个口线的高电平或低电平，则在该口线上就能产生一定频率的矩形波，接上扬声器就能驱动扬声器发出一定频率的声音，若再利用延时程序控制高、低电平的持续时间，就能改变输出频率，从而改变音调。

4-1-2 音调与节拍

1. 音调

在音乐上通常用 Do、Re、Mi、Fa、So、La、Si、Do 分别来代表某一个频率的声音，称之为"音调"。C 调音阶包括 3 个音阶：低音、中音和高音。每个音阶为 8 度，其中细分为 12 个半音，即 Do、Do#、Re、Re#、Mi、Fa、Fa#、So、So#、La、La#、Si。而每个音阶之间相差一倍，如高音 Do 的频率是 $1046 \, \mathrm{Hz}$，中音 Do 的频率是 $523 \, \mathrm{Hz}$，高音刚好是中音频率的一倍。对应的钢琴键盘图如图 4-7 所示。

一首音乐是由许多不同的音阶组成的，而每个音阶对应着不同的频率，这样就可以利用不同频率的组合，构成所想要的音乐。当然对于单片机来说产生不同的频率非常方便，可以

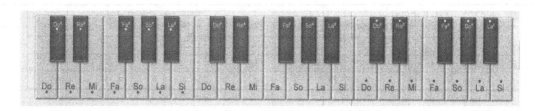

图 4-7　钢琴键盘图

利用单片机的定时器/计数器 0 来产生这样的方波频率信号，因此，只要把一首歌曲的音阶对应频率关系写正确即可。现在以单片机 12MHz 晶振为例，列出高中低音符与单片机定时器/计数器 0 相关的计数值，见表 4-8。

表 4-8　C 调各音符频率与计数值对照表

音符	频率/Hz	简谱码（T 值）	音符	频率/Hz	简谱码（T 值）
低1　Do	262	63628	#4　Fa#	740	64860
#1　Do#	277	63731	中5　So	784	64898
低2　Re	294	63835	#5　So#	831	64934
#2　Re#	311	63928	中6　La	880	64968
低3　Mi	330	64021	#6	932	64994
低4　Fa	349	64103	中7　Si	988	65030
#4　Fa#	370	64185	高1　Do	1046	65058
低5　So	392	64260	#1　Do#	1109	65085
#5　So#	415	64331	高2　Re	1175	65110
低6　La	440	64400	#2　Re#	1245	65134
#6	466	64463	高3　Mi	1318	65157
低7　Si	494	64524	高4　Fa	1397	65178
中1　Do	523	64580	#4　Fa#	1480	65198
#1　Do#	554	64633	高5　So	1568	65217
中2　Re	587	64684	#5　So#	1661	65235
#2　Re#	622	64732	高6　La	1760	65252
中3　Mi	659	64777	#6	1865	65268
中4　Fa	698	64820	高7　Si	1967	65283

2. 节拍

节拍是发声时间的长短。假如 1 拍为 0.4s，1/4 拍就为 0.1s，其他都是它的倍数，只要设定延时时间即可。节拍也是用延时子程序或定时器/计数器中断实现的。

如 1/4 拍 1 次延时 0.1s，1 拍延时 4 次 0.1s。1/4 和 1/8 节拍码对照表见表 4-9，音乐的节拍（以一个节拍为单位，C 调）见表 4-10。

表 4-9　1/4 和 1/8 节拍码对照表

1/4 节拍码对照表		1/8 节拍码对照表	
节拍码	节拍数	节拍码	节拍数
1	1/4 拍	1	1/8 拍
2	2/4 拍	2	1/4 拍
3	3/4 拍	3	3/8 拍
4	1 拍	4	1/2 拍
5	1 又 1/4 拍	5	5/8 拍
6	1 又 2/4(1/2)拍	6	3/4 拍
8	2 拍	8	1 拍
A	2 又 1/2 拍	A	1 又 1/4 拍
C	3 拍	C	1 又 1/2 拍
F	3 又 3/4 拍		

表 4-10　音乐的节拍（以一个节拍为单位，C 调）

曲调值	DELAY（延时）	曲调值	DELAY（延时）
调 4/4	125ms	调 4/4	62ms
调 3/4	187ms	调 3/4	94ms
调 2/4	250ms	调 2/4	125ms

1/4 拍的延时时间为 187ms。程序实现：

```
        MOV    R5,A            ;节拍码存入 R5
DEPLY：  MOV    R7,#02
D2：     MOV    R4,#187
D3：     MOV    R3,#248
        DJNZ   R3,$
        DJNZ   R4,D3
        DJNZ   R7,D2
        DJNZ   R5,DEPLY
```

4-2　中断

4-2-1　中断的概念

在 CPU 与外设交换信息时，存在着一个快速的 CPU 与慢速的外设之间的矛盾。为解决这个矛盾，出现了中断的概念。

单片机在某一时刻只能处理一个任务，当多个任务同时要求单片机处理时，可通过中断实现多个任务的资源共享。

中断现象在现实生活中也会经常遇到，例如，你在看书时手机响了，你在书上作个记号后去接通电话和对方聊天，谈话结束后，从书上的记号处继续看书。这就是一个中断过程。通过中断，一个人在一特定的时刻，同时完成了看书和打电话两件事情。用计算机语言来描述，所谓的中断就是，当 CPU 正在处理某项事务的时候，如果外界或者内部发生了紧急事件，要求 CPU 暂停正在处理的工作而去处理这个紧急事件，待处理完后，再回到原来中断的地方，继续执行原来被中断的程序，这个过程称为中断。

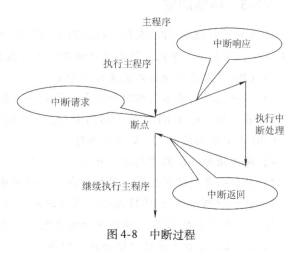

从中断的定义可以看到，中断应具备中断源、中断响应、中断返回三个要素。中断源发出中断请求，单片机对中断请求进行响应，当中断响应完成后应进行中断返回，返回被中断的地方继续执行原来被中断的程序。中断过程如图 4-8 所示。

图 4-8   中断过程

4-2-2   中断源及中断服务程序的入口地址

1. 外部中断源

（1）外部中断 0（$\overline{\text{INT0}}$）   它来自 P3.2 脚，采集到低电平或者下降沿时，产生中断请求。

（2）外部中断 1（$\overline{\text{INT1}}$）   它来自 P3.3 脚，采集到低电平或者下降沿时，产生中断请求。

2. 内部中断源

（1）定时器/计数器 0（T0）   定时功能时，计数脉冲来自片内；计数功能时，计数脉冲来自片外 P3.4 脚。发生溢出时，产生中断请求。

（2）定时器/计数器 1（T1）   定时功能时，计数脉冲来自片内；计数功能时，计数脉冲来自片外 P3.5 引脚。发生溢出时，产生中断请求。

（3）串行口   串行口是为完成串行数据传送而设置的。单片机完成接收或发送一组数据时，产生中断请求。

3. 中断服务程序的入口地址（见表 4-11）

表 4-11   中断服务程序的入口地址

编　　号	中　断　源	入口地址
0	外部中断 0	0003H
1	定时器/计数器 0	000BH
2	外部中断 1	0013H
3	定时器/计数器 1	001BH
4	串行口中断	0023H

各中断服务程序的入口地址仅间隔 8 个字节，编译器在这些地址放入无条件转移指令跳转到中断服务程序的实际地址。

注意：8052 单片机有 6 个中断源。

4-2-3 中断响应

51 系列单片机的 CPU 在每个机器周期采样各中断源的中断请求标志位，如果没有下述阻止条件，将在下一个机器周期响应被激活了的最高级中断请求：

1）CPU 正在处理同级或更高级的中断。

2）现行机器周期不是所执行指令的最后一个机器周期。

3）正在执行的是 RETI 或者访问 IE 或 IP 的指令。

CPU 在中断响应后完成如下的操作：

1）硬件清除相应的中断请求标志。

2）执行一条硬件子程序，保护断点，并转向中断服务程序入口。

3）结束中断时执行 RETI 指令，恢复断点，返回主程序。

51 系列单片机的 CPU 在响应中断请求时，由硬件自动形成转向与该中断源对应的服务程序入口地址，这种方法称为硬件向量中断法。

4-2-4 中断优先级及 CPU 响应中断的原则

1. 中断优先级（权）

在 51 系列单片机系统中有多个中断源，有时会有多个中断源同时向 CPU 发出中断请求，这时 CPU 必须确定中断服务的次序，先为哪个中断服务，后为哪个中断服务，把多个中断按轻重缓急排序。

2. CPU 响应中断的原则

先为优先级高的服务，服务结束后，再处理优先级低的中断。

同级优先级中断时，51 系列单片机默认的处理顺序为

$$高 \xrightarrow{\text{INT0} \rightarrow \text{T0} \rightarrow \text{INT1} \rightarrow \text{T1} \rightarrow 串行口中断} 低$$

4-2-5 与中断有关的寄存器

1. 定时器/计数器控制寄存器 TCON（见表 4-12）

表 4-12 定时器/计数器控制寄存器各位的定义

位地址	8FH	8EH	8DH	8CH	8BH	8AH	89H	88H
位符号	TF_1	TR_1	TF_0	TR_0	IE_1	IT_1	IE_0	IT_0

IT_0 和 IT_1——外部中断请求触发方式控制位。

TR_0 和 TR_1——定时器/计数器运行控制位。

2. 串行口控制寄存器 SCON（见表 4-13）

表 4-13 串行口控制寄存器各位的定义

D7	D6	D5	D4	D3	D2	D1	D0
						TI	RI

RI——串行口接收中断请求标志位。当串行口接收完一帧数据后请求中断，由硬件置位

（$RI=1$）RI 必须由软件清"0"。

TI——串行口发送中断请求标志位。当串行口发送完一帧数据后请求中断，由硬件置位（$TI=1$）TI 必须由软件清"0"。当接收完一帧串行数据后，由硬件置"1"；在转向中断服务程序后，用软件清"0"。串行中断请求由 TI 和 RI 的逻辑或得到。就是说，无论是发送标志还是接收标志，都会产生串行中断请求。

3. 中断允许寄存器 IE（见表 4-14）

表 4-14 中断允许寄存器各位的定义

D7	D6	D5	D4	D3	D2	D1	D0
EA			ES	ET_1	EX_1	ET_0	EX_0

EX_0/EX_1——外部中断0、1的中断允许位。当 $EX_0/EX_1=1$ 时，外部中断0、1开中断；当 $EX_0/EX_1=0$ 时，外部中断0、1关中断。

ET_0/ET_1——定时器/计数器0、1溢出中断允许位。$ET_0/ET_1=1$ 时，T0、T1 开中断；$ET_0/ET_1=0$ 时，T0、T1 关中断。

ES——串行口中断允许位。$ES=1$，串行口开中断；$ES=0$，串行口关中断。

EA——中断允许总控制位。$EA=1$，CPU 开放所有中断；$EA=0$，CPU 禁止所有中断。

可见，51系列单片机通过中断允许控制寄存器对中断的允许（开放）实行两级控制。即以 EA 位作为总控制位，以各中断源的中断允许位作为分控制位。当总控制位为禁止时，关闭整个中断系统，不管分控制位状态如何，整个中断系统为禁止状态；当总控制位为允许时，开放整个中断系统，这时才能由各分控制位设置各自中断的允许与禁止。

51系列单片机复位后，（IE）=00H，因此中断系统处于禁止状态。单片机在中断响应后不会自动关闭中断。因此在转入中断服务程序后，应根据需要使用有关指令禁止中断，即以软件方式关闭中断。

注意：51系列单片机复位时，IE 被清"0"，此时 CPU 关中断，各中断源的中断也都屏蔽。

4. 中断优先级寄存器 IP（见表 4-15）

表 4-15 中断优先级寄存器各位的定义

D7	D6	D5	D4	D3	D2	D1	D0
			PS	PT_1	PX_1	PT_0	PX_0

PX_0、PX_1——外部中断0、1中断优先级控制位。1→高优先级；0→低优先级。

PT_0、PT_1——定时器/计数器0、1中断优先级控制位。1→高优先级；0→低优先级。

PS——串行口中断优先级控制位。1→高优先级；0→低优先级。

51系列单片机复位时，IP 被清"0"，5个中断源都在同一优先级，其内部优先级的顺序从高到低为

高

外部中断0（PX$_0$）

定时器/计数器0（PT$_0$）

外部中断1（PX$_1$）

定时器/计数器1（PT$_1$）

串行口中断（PS）

低

优先级的控制原则如下：

1）低优先级中断请求不能打断高优先级的中断服务；但高优先级中断请求可以打断低优先级的中断服务，从而实现中断嵌套。

2）如果一个中断请求已被响应，则同级的其他中断服务将被禁止。即同级不能嵌套。

3）如果同级的多个中断同时出现，则按 CPU 查询次序确定哪个中断请求被响应。其查询次序为：外部中断 0→定时器/计数器 0 中断→外部中断 1→定时器/计数器 1 中断→串行口中断。

4）中断优先级控制，除了中断优先级控制寄存器之外，还有两个不可寻址的优先级状态触发器。其中一个用于指示某一高优先级中断正在进行服务，从而屏蔽其他高优先级中断；另一个用于指示某一低优先级中断正在进行服务，从而屏蔽其他低优先级中断，但不能屏蔽高优先级的中断。此外，对于同级的多个中断请求查询的次序安排，也是通过专门的内部逻辑实现的。

例 4-1　设单片机晶振频率为 12MHz，使用 T0 以工作方式 1 计数，产生周期为 2ms 的等宽正方波，并由 P1.0 脚输出。

解：题目的要求如图 4-9 所示。

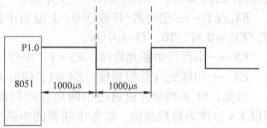

图 4-9　生成方波图

由上图可以看出只要使 P1.0 脚的电位每隔 1000μs 取一次反即可。所以定时时间应取 1000μs。

（1）计算计数初值　设计数初值为 x，由定时计算公式知：

$$定时时间 = (2^{16} - 计数初值) \times 机器周期$$

则

$$(2^{16} - x) \times 1\mu s = 1000\mu s$$

$$x = 64536D$$

$$x = 1111,1100,0001,0111B$$

$$x = 0FC17H$$

（2）专用寄存器的初始化

TMOD 应设置为：01H　TH0 = 0FCH　TL0 = 17H

开放定时器/计数器 0 中断，所以 IE 应设置为 81H。

程序：

```
        ORG   0000H
        SJMP  MAIN
        ORG   000BH
        AJMP  INTT0
MAIN:   MOV   TMOD, #01H
        MOV   IE, #81H
        MOV   TH0, #0FCH
        MOV   TL0, #17H        ; 初始化
```

```
LOOP： SETB  TR0              ；启动
HERE： SJMP  HERE             ；等待中断
       AJMP  LOOP
INTT0：MOV   TH0，#0FCH       ；中断响应程序
       MOV   TL0，#17H
       CPL   P1.0
       RETI                  ；中断返回
       END
```

项目 5 单片机双机通信的设计与制作

通信技术的应用非常广泛，如手机通信、电话、电视、卫星等，都用到了通信技术。本项目将设计并制作一个单片机双机通信的电路，来揭示通信技术的奥秘。

● 项目目标与要求

熟悉单片机双机通信的设计与制作的工作任务书及流程。

能根据设计要求写出设计方案。

在 PROTUES 环境下设计仿真电路图。

设计实现功能要求的程序并建立 ".hex" 文件。

能实现两人两机之间的通信。

会写设计报告及产品功能说明书。

● 项目工作任务

实现双机相互传输数据的程序设计。

双机通信电路与双机接口电路的设计与制作。

写项目设计报告及产品功能说明书。

● 项目任务书

工作任务	任务实施流程	
任务 1 实现双机相互传输数据的软件设计	任务 1-1	分析任务并写出设计方案
	任务 1-2	串行口发送与接收数据的设计与仿真
	任务 1-3	串行口双机通信的设计与仿真
	任务 1-4	单片机与微机通信的设计与仿真
	任务 1-5	4×3 键盘的设计与仿真
任务 2 双机接口电路的设计与制作	任务 2-1	分析任务并写出设计方案
	任务 2-2	实现单片机双机通信的设计与仿真
	任务 2-3	制作双机通信的输入/输出电路板
	任务 2-4	烧录程序及软硬件联调
	任务 2-5	写项目设计报告

任务 1　实现双机相互传输数据的软件设计

● 学习目标

1）熟悉数据传输的方式。

2）熟悉 MCS-51 单片机串行口的工作原理、波特率及其计算方法。

3）了解 74LS164/74LS165 在项目中的应用方法。

4）了解 MAX232 的应用。

5）掌握串行口控制寄存器 SCON 的初始化方法。

6）了解行列键盘的编程方法。

7）掌握实现双机通信的程序编制方法。

● 工作任务

1）能对串行口控制寄存器 SCON 初始化。

2）能计算出通信的波特率并对 TH_x、TL_x 初始化。

3）能编写实现不同通信方式的程序。

4）能独立编写键盘控制程序。

5）能使用 MAX232 接口进行通信。

任务 1-1　分析任务并写出设计方案

一、分析任务

1）能显示本机的按键数字。

2）能向对方机发送按键的数字。

3）能接收对方机发送的数字并显示。

4）发送数及按键用中断实现。

5）用串行口的全双工方式通信。

6）本任务只要在 PROTUES 环境下仿真成功即可。

二、设计方案

1）用 4×3 的矩阵键盘作为输入器件。

2）用 4 个共阴极的数码管作为 A、B 两机的输出显示，每个机都用 2 个数码管，1 个用于显示接收的数据，1 个用于显示本机键位的键值。

3）键盘的列线接到与门的输入端上，与门的输出端接到单片机的 P3.2（外部中断 0）脚上，只要有按键就会产生一个外部中断信号。

4）在 P3.3 脚上接一个发送数据按键，当该键按下时，就向对方发送数据。

5）P1 口的 P1.0 ~ P1.2 脚接键盘的列线，P1.3 ~ P1.6 脚接键盘的四根行线。

● **想一想、议一议**

还有没有其他设计方案?

任务1-2　串行口发送与接收数据的设计与仿真

一、串行口发送数据的程序设计与仿真

1. 设计仿真电路图

在 PROTUES 环境下设计图 5-1 所示的仿真电路图。

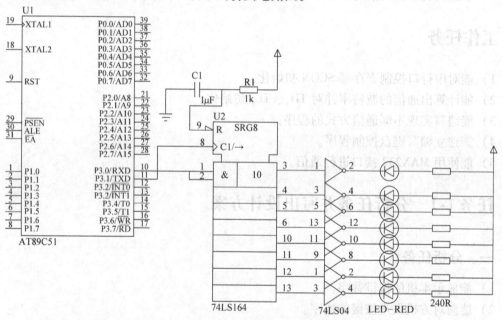

图 5-1　串行口发送数据的仿真电路图

1）启动 PROTUES 仿真软件。

2）根据表 5-1，在 PROTUES 元器件库中选择元器件。

表 5-1　元器件表

元器件名称	所 属 类	所 属 子 类
AT89C51(单片机)	Microprocessor ICs	8051Family
MINRES220(电阻 220Ω)	Resistors	All Sub
74LS164	TTL 74LSseries	All Sub-Categories
74LS04	TTL 74LSseries	All Sub-Categories
LED-RED	Optoelectronics	LEDs
CAP	Capacitors	Generic
MINRES1K(电阻 1000Ω)	Resistors	All Sub

3）连接图 5-1 所示的仿真电路图。

4）保存仿真电路图文件，文件名为"串行口发送数据"。

2. 设计实现发送数据的程序

1）启动 Keil 软件。

2）在 Keil 环境下编辑实现串行口发送数据的汇编程序。

程序设计分析：图 5-1 所示电路中单片机的串行口作为简单的串行口输出，串行口工作方式设置为工作方式 0，即串行控制寄存器 SCON 的值为 0×00。

使用 74LS164 的并行输出端接 8 个 LED，利用它串行接入并行输出的功能，把 LED 按预先规定的次序点亮。74LS164 的并行输出端端线上输出高电平，经过反相器 74LS04 使发光二极管点亮。

实现左右移动依次点亮 LED。

3）实现数据串行输出的程序。程序设计如下：

```
            ORG     0000H
            AJMP    MAIN
            ORG     0100H
MAIN：      MOV     SCON,#00000000B      ;设定串行口 T 为工作方式 0
START：     MOV     DPTR,#TABLE          ;数据指针指到 TABLE
LOOP：      CLR     A                    ;清除 ACC
            MOVC    A,@ A + DPTR         ;到 TABLE 取数据
            CJNE    A,#09,PLAY           ;到结束码 09 了么？不是,则到 PLAY
            JMP     START                ;是,则重新开始
PLAY：      CPL     A                    ;取到的数据反向
            MOV     30H,A                ;A 存入 30H
            MOV     SBUF,30H             ;30H 的值存入 SBUF
LOOP1：     JBC     TI,LOOP2             ;监测 TI = 1？是,则跳到 LOOP2
            JMP     LOOP1                ;否则继续监测,传输过程
LOOP2：     CALL    DELAY                ;延时
            INC     DPTR                 ;数据指针加 1
            JMP     LOOP
;延时程序
DELAY：     MOV     R5,#255
D3：        MOV     R2,#255
D4：        DJNZ    R2,D4
            DJNZ    R5,D3
            RET
TABLE：
    DB 01H,02H,04H,08H                   ;左移
    DB 10H, 20H,40H,80H
    DB 01H,02H,04H,08H
```

```
            DB 10H, 20H,40H,80H
            DB 80H,40H,20H,10H                          ;右移
            DB 08H, 04H,02H,01H
            DB 80H,40H,20H,10H
            DB 08H, 04H,02H,01H
            DB 00H,0FFH,00H,0FFH                         ;闪烁
            DB 09H
            END
```

4）建立可执行文件“. hex”。

3. 仿真操作

1）启动 PROTUES 仿真。

2）双击仿真电路图中的“CPU”，将上面建立的“. hex”文件装入。

3）单击界面左下方的运行按钮。

● 想一想、议一议

1. 在本程序中有哪些知识是以前没有遇到过的？如何理解？

2. 程序中数据的发送是如何实现的？

● 读一读

要想探讨上面的问题，先读一读本项目“相关知识5”中5-1-1节和5-1-2节的内容。

二、串行口接收数据的程序设计与仿真

1. 设计仿真电路图

在 PROTUES 环境下设计图 5-2 所示的仿真电路图。

单片机的P1.0 与 74LS165 的 SH/LD连接，用 P1.0 控制SH/LD的高、低电平；74LS165 的时钟线（CLK）与单片机的 P3.1（TXD）连接，作为时间信号线；74LS165 的串行输出线（SO）与单片机的 P3.0（RXD）连接，接收 74LS165 送来的串行数据。74LS165 的数据输入端 D0 ~ D7 与 8 位拨指开关 DIP SWC_8 连接，接收拨指开关的状态数据。

1）启动 PROTUES 仿真软件。

2）根据表5-2，在 PROTUES 元器件库中选择元器件。

表 5-2　元器件表

元器件名称	所　属　类	所属子类
AT89C51（单片机）	Microprocessor ICs	8051Family
MINRES300R（电阻300Ω）	Resistors	All Sub
74LS165	TTL 74LSseries	All Sub-Categories
LED-BLUE	Optoelectronics	LEDs
DIPSWC_8	Switchers & Relays	Switchers

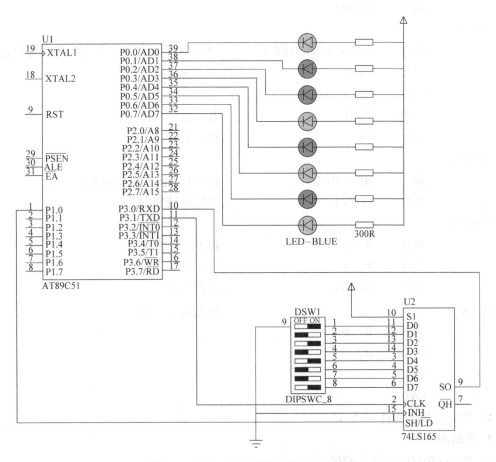

图 5-2 串行口接收数据的仿真电路图

3）连接图 5-2 所示的仿真电路图。

4）保存仿真电路图文件，文件名为"串行口接收数据"。

2. 设计实现接收数据的程序

1）启动 Keil 软件。

2）在 Keil 环境下编辑接收数据的汇编程序。

程序设计分析：图 5-2 所示电路中单片机的串行口作为简单的串行口输入，串行口工作方式设置为工作方式 0，即串行控制寄存器 SCON 的值为 0×10。

8 路开关与 74LS165 的 8 条数据线相连接，去控制 P0 口的 8 路 LED 指示灯。由此可以看出通过 74LS165 传输，只用了 3 条数据线，就实现了 8 个开关控制 8 个灯的目的。单片机的 P1.0 与 74LS165 的 SH/LD引脚连接，用 P1.0 控制 SH/LD引脚，当 P1.0 = 0 时输出低电平，74LS165 将并行数据移入寄存器中；当 P1.0 = 1 时输出高电平，74LS165 将并行数据存在寄存器中，禁止移入下一个数。

3）实现数据串行输出的程序。程序设计：

```
ORG     0000H
AJMP    START
```

```
        ORG     0100H
START:
        MOV     SCON,#00010000B        ;设定串行口为工作方式 0,允许接收数据
        CLR     P1.0                   ;P3.2 =0 载入数据
        CALL    DELAY1                 ;延时
        SETB    P1.0                   ;数据输出
        CLR     RI                     ;RI =0
LOOP1:
        JBC     RI,LOOP2               ;RI =1? 是,则到 LOOP2
        JMP     LOOP1                  ;否则继续监测
LOOP2:
        MOV     A,SBUF                 ;将 SBUF 载入 A
        MOV     P0,A                   ;输出到 P0
        JMP     START                  ;重新开始
DELAY1:                                ;短延时子程序
        MOV     R7,#02
        DJNZ    R7, $
        RET
        END
```

4）建立可执行文件"· hex"。

3. 仿真操作

1）启动 PROTUES 仿真软件

2）双击仿真电路图中的"CPU",将前面建立的"· hex"文件装入。

3）单击界面左下方的运行按钮。

● **想一想、议一议**

1. 本程序中有哪些知识是以前没有遇到过的? 如何理解?

2. 程序中数据的接收功能是如何实现的?

● **读一读**

要想探讨上面的问题,先读一读本项目"相关知识5"中5-1-3节的内容。

● **巩固提高**

编写串行接收一组数据的程序,并将接收的数据在数码管上显示。

任务1-3　串行口双机通信的设计与仿真

1. 启动仿真电路图

在 PROTUES 环境下设计仿真电路图，如图5-3所示。步骤如下：

1）启动 PROTUES 仿真软件。

2）根据表5-3，在 PROTUES 元器件库中选择元器件。

表5-3　元器件表

元器件名称	所 属 类	所属子类
AT89C51（单片机）	Microprocessor ICs	8051 Family
MINRES220（电阻220Ω）	Resistors	All Sub
74LS165	TTL 74LSseries	All Sub-Categories
LED-BLUE	Optoelectronics	LEDs
DIPSWC_8	Switchers & Relays	Switchers

3）连接图5-3所示的仿真电路图。

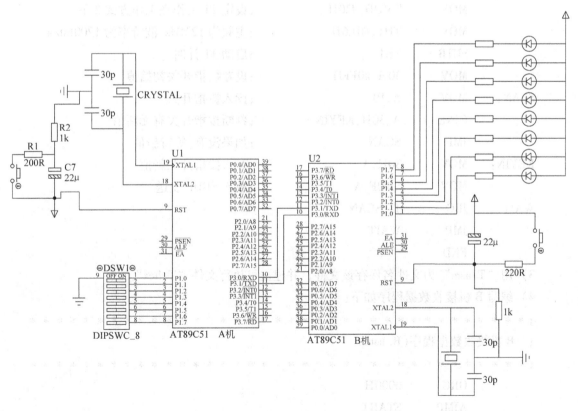

图5-3　串行口双机通信的仿真电路图

2. 设计实现两机半双工通信的程序

1）启动 Keil 仿真软件。

2）在 Keil 环境下编辑 A 机作为发送机的程序。

程序分析：

① A 机作为发送机，只发送不能接收；B 机作为接收机，只接收不能发送。

② A 机读取拨指开关的状态数据并输入 P1 口，然后发送到 B 机。B 机用从 A 机接收的数据通过 P1 口输出去控制 LED 的亮灭。因此要实现双机通信需要编写两个程序：给 A 机编写一个发送数据的程序，给 B 机编写一个接收数据的程序。

程序设计：

```
;*******************************************
;   A 机发送数据程序(T. asm)
;*******************************************
            ORG     0000H
            AJMP    START
            ORG     0100H
START:      MOV     SP,#60H
            MOV     SCON,#40H       ;设定串行口为工作方式 1
            MOV     TMOD,#20H       ;设定 T1 工作在工作方式 2 下
            MOV     TH1,#0E6H       ;主频为 12MHz,波特率为 1200bit/s
            SETB    TR1             ;启动 T1 计时
            MOV     30H,#0FFH       ;设置拨指开关初始值
SCAN:       MOV     A,P1            ;读入拨指开关
            CJNE    A,30H,KEYIN     ;判断拨指开关有无新值
            JMP     SCAN            ;如果没有,等待新值
KEYIN:      MOV     30H,A           ;存入拨指开关新值
            MOV     SBUF,A          ;载入 SBUF 发送
WAIT:       JBC     TI,SCAN
            JMP     WAIT
            END
```

3）用"T. asm"为文件名保存该文件，并建立可执行文件"T. hex"。

4）编写 B 机接收数据程序如下：

```
;*******************************************
;   B 机接收数据程序(R. asm)
;*******************************************
            ORG     0000H
            AJMP    START
            ORG     0100H
START:      MOV     SP,#60H
            MOV     SCON,#50H       ;设定串行口为工作方式 0,允许接收数据
```

MOV	TMOD,#20H	;设定 T1 工作在工作方式 2 下
MOV	TH1,#0E6H	;主频为 12MHz,波特率为 1200bit/s
SETB	TR1	;启动 T1 计时

LOOP1:

JBC	RI,LOOP2	;RI = 1？是则到 LOOP2
JMP	LOOP1	;否则继续监测

LOOP2:

MOV	A,SBUF	;将 SBUF 载入 A
MOV	P1,A	;输出到 P1
JMP	LOOP1	
END		

5）用 "R. asm" 为文件名保存该文件，并建立可执行文件 "R. hex"。

3. 仿真操作

1）启动 PROTUES 仿真软件。

2）双击 A 机 "CPU"，将 "T. hex" 文件装入。

3）双击 B 机 "CPU"，将 "R. hex" 文件装入。

4）单击界面左下方的 "运行" 按钮。

5）拨动 A 机的拨指开关，观察 B 机的 LED 的变化。

● **想一想、议一议**

如果 B 机发送数据，A 机接收数据，如何实现？

● **读一读**

要想更好地理解双机通信，请读一读 "相关知识5" 中 5-1-4 节的内容。

● **巩固提高**

试编写一个既可发送数据又可接收数据的双机通信程序。

任务1-4 单片机与微机通信的设计与仿真

1. 启动仿真电路图

在 PROTUES 环境下设计仿真电路图，如图 5-4 所示。步骤如下：

1）启动 PROTUES 仿真软件。

2）根据表 5-4，在 PROTUES 元器件库中选择元器件。

表5-4　元器件表

元器件名称	所 属 类	所 属 子 类
AT89C51（单片机）	Microprocessor ICs	8051 Family
MAX232	Microprocessor ICs	Peripherals
CAP	Capacitors	Generic
CONN-D9F	Connectors	D-Tpye

3）连接图5-4所示的仿真电路图。其中，示波器的选取方法为：在工具栏里单击"☎"按钮，在对象选择器窗口中选择"VIRTUAL TERMINAL"虚拟示波器，如图5-5所示。

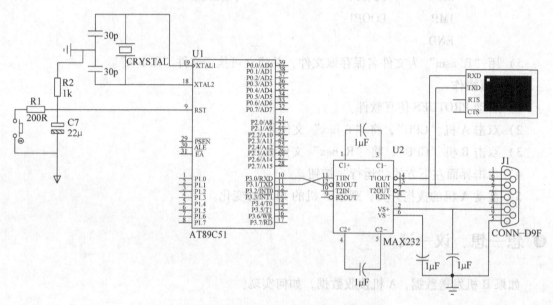

图5-4　单片机与微机通信仿真电路图

4）保存仿真电路图文件，文件名为"单片机与微机通信"。

2. 单片机与微机通信的程序

1）启动 Keil 软件。

2）在 Keil 环境下编辑程序。

程序分析：根据串行口通信的串行口工作方式的分类，可设置单片机串行口工作方式为工作方式2，定时器/计数器1的工作方式为工作方式2，设置波特率为4800bit/s。

程序如下：

```
ORG     0000H
AJMP    START
ORG     0100H
```

START：

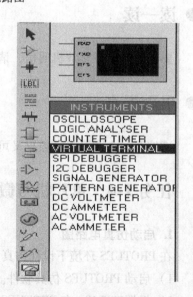

图5-5　对象选择器窗口

	MOV	SCON,#50H	;设定串行口为工作方式1,允许接收数据
	MOV	TMOD,#20H	;设定T1工作在工作方式2下
	MOV	TH1,#0F3H	;主频为12MHz,波特率为4800bit/s
	MOV	TL1,#0F3H	
	MOV	PCON,#80H	;波特率加倍
	SETB	TR1	;启动T1计时

LOOP1:

	JBC	RI,LOOP2	;RI=1? 是,则到LOOP2
	JMP	LOOP1	;否,则继续监测

LOOP2:

	MOV	A,SBUF	;将从微机键盘上收到的数据送单片机SBUF载入A
	ACLL	DELAY	
	MOV	SBUF,A	;再将单片机A中的数据送SUBF发送给微机显示

LOOP3:

	JBC	TI,LOOP1	
	JMP	LOOP3	
	END		

3) 保存程序并建立"T.hex"文件。

3. 仿真操作

1) 启动PROTUES仿真软件。

2) 双击单片机"CPU",将"T.hex"文件装入。

3) 单击界面左下方的运行按钮。

4) 在微机键盘上输入一串字符,观察模拟显示器的字符。

● **想一想、议一议**

分析程序,单片机与微机通信用什么方式实现?如果改变传输数据的波特率,TL1和TH1的值如何设置?

● **读一读**

请读一读"相关知识5"中5-2节的内容。

● **巩固提高**

试制作一个MAX232通信接口电路。

任务1-5 4×3键盘的设计与仿真

1. 启动仿真电路图

在PROTUES环境下设计仿真电路图,如图5-6所示。步骤如下:

1）启动 PROTUES 仿真软件。

2）根据表 5-5，在 PROTUES 元器件库中选择元器件。

表 5-5 元器件表

元器件名称	所 属 类	所属子类
AT89C51（单片机）	Microprocessor ICs	8051 Family
MINRES4.7K（电阻 4.7kΩ）	Resistors	All Sub
KEYPAD-PHONE	Switches & Relays	Keypads
74LS21	TTL 74LSseries	All Sub-Categories

3）连接图 5-6 所示的仿真电路图。

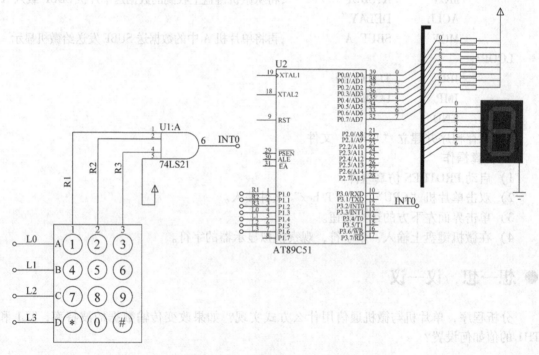

图 5-6　4×3 键盘与显示的仿真电路

4）保存仿真电路图文件，文件名为"键盘"。

2. 设计实现 4×3 键盘扫描的程序

1）启动 Keil 软件。

2）在 Keil 环境下编辑 A 机作为发送机的程序。

程序分析：

① 根据矩阵键盘扫描的原理，当有键按下时，该键所在列线和行线上均为低电平，关键是要判断出是哪列、哪行的键按下去了。判断按键位值的方法是：如果第一列（R1）上有键按下，则第一列为低电平，即 P1.0 =0；这时对行线逐个进行扫描判断，哪条行线为低电平，键就在哪行上。

② 键值计算：由于键盘上的数是按列分布的，第一行的第一列为 1，第二列为 2，第三列为 3；第二行的第一列为 4，第二列为 5，第三列为 6；……因此可用下面公式计算键值：

键值＝行列数＋列。

③ 当有键按下时，外部中断0产生，并发出请求，去处理键盘扫描程序。

程序如下：

```
ORG      0000H
AJMP     START
ORG      0003H
LJMP     KEYSCAN
START：
;外部中断0使能
SETB EX0
SETB EA
MOV R1,#10            ;灭 LED
MOV R2,#10
LOOP0：
MOV P1,#07H          ;上5位和下3位分别为行和列,所以送出高低电压,检查有没有
                     ;按键按下
CALL DISPLAY0        ;显示将要发送的数据
AJMP LOOP0
;* * * * * * * * * * * * * * * * * * * * * * * * * * * * * * * *
;显示程序
DISPLAY0：
MOV A,R1             ;将要发送的数据放在 R1
MOV DPTR,#TABLE
MOVC A,@ A + DPTR
MOV P0,A
RET
;* * * * * * * * * * * * * * * * * * * * * * * * * * * * * * * *
;键盘扫描程序
KEYSCAN：
;LCALL DELAY          ;去抖动延时
;* * * * * * * * * * * * * * * * * * * * * * * * * * * * * * * *
;第一列的扫描
K10：  JB    P1.0,K20    ;扫描正式开始,先检查第一列四个键是否有键按下,如
                        ;果没有,则跳到 K20 检查第二列
K11：  MOV   P1,#0F7H   ;第一列有键按下时,P1.0 变为低电平,再判断到底是哪
                        ;一个键按下
                        ;现在分别输出各行低电平
```

```
          JB      P1.0,K12      ;该行的键不按下时,P1.0 为高电平,跳到 K12,检
                                ;查其他的行
          MOV     R1,#1         ;如果是这行的键按下,则对寄存器 R1 写下 1,表示 1 号
                                ;键按下
K12:      MOV     P1,#0EFH
          JB      P1.0,K13
          MOV     R1,#4         ;如果是这行的键按下,则对寄存器 R1 写下 4,表示 4 号
                                ;键按下
K13:      MOV     P1,#0DFH
          JB      P1.0,K14
          MOV     R1,#7         ;如果是这行的键按下,则对寄存器 R1 写下 7,表示 7 号
                                ;键按下
K14:      MOV     P1,#0BFH
          JB      P1.0,KEND     ;如果现在四个键都没有按下,可能按键松开或干扰,退出
                                ;扫描(以后相同)
          MOV     R3,#10        ;如果是这行的键按下,则对寄存器 R3 写下"*",表示"*"
                                ;号键按下
          JMP     KEND          ;已经找到按下的键,跳到结尾
;* * * * * * * * * * * * * * * * * * * * * * * * * * * * * * * * *
;第二列的扫描
K20:      JB      P1.1,K30      ;第二列检查为高电平再检查第三列、第四列
K21:      MOV     P1,#0F7H      ;第二列有键按下时,P0.0 会变为低电平,再判断到底是
                                ;哪一行的键按下。分别输出行的低电平
          JB      P1.1,K22      ;该行的键不按下时,P0.0 为高电平,跳到 K22,检查
                                ;另外三行
          MOV     R1,#2         ;如果是这行的键按下,则对寄存器 R1 写下 5,表示 5 号键按
                                ;下(以后相同,不再重复了)
K22:      MOV     P1,#0EFH
          JB      P1.1,K23
          MOV     R1,#5
K23:      MOV     P1,#0DFH
          JB      P1.1,K24
          MOV     R1,#8
K24:      MOV     P1,#0BFH
          JB      P1.1,KEND
          MOV     R1,#0
          JMP     KEND          ;已经找到按下的键,跳到结尾
;* * * * * * * * * * * * * * * * * * * * * * * * * * * * * * * * *
;第三列的扫描
```

```
K30:    JB      P1.2,KEND
K31:    MOV     P1,#0F7H
        JB      P1.2,K32
        MOV     R1,#3
K32:    MOV     P1,#0EFH
        JB      P1.2,K33
        MOV     R1,#6
K33:    MOV     P1,#0DFH
        JB      P1.2,K34
        MOV     R1,#9
K34:    MOV     P1,#0BFH
        JB      P1.2,KEND
        MOV     R3,#12          ;按下了#号
KEND:
RETI    DELAY:
        MOV     R4,#0FH
LOOP2:
        MOV     R5,#0FFH
LOOP4:
        DJNZ    R5,LOOP4
        DJNZ    R4,LOOP2
RET

TABLE:
DB 3FH,06H,5BH,4FH,66H      ;段码表
DB 6DH,7DH,07H,7FH,6FH
DB 00H
END
```

3）建立可执行文件".hex"。

3. 仿真操作

1）启动 PROTUES 仿真软件。

2）双击单片机"CPU"，将前面建立的".hex"文件装入。

3）单击界面左下方的运行按钮。

4）依次按键盘上的所有键，观察数码管上显示的字符。

● **想一想、议一议**

分析程序，如何实现行列键盘动态扫描？还可以用其他方法实现键盘扫描吗？

● 读一读

请读一读"相关知识5"中5-3节的内容。

● 巩固提高

设计一个4×4的键盘，编写程序并仿真。

任务2 双机接口电路的设计与制作

● 学习目标

1）进一步熟悉双机通信及多机通信的方法。
2）熟悉串行口双机通信的发送和接收数据程序的实现。
3）熟悉单片机双机通信的完整程序编写方法。

● 工作任务

1）能设计实现双机通信的电路。
2）会设计从机与主机连接的接口电路。
3）能正确布线、焊接并制作双机接口电路。
4）会正确布线、焊接并制作。
5）能设计完整的双机通信的程序。

任务2-1 分析任务并写出设计方案

一、分析任务

1）能显示本机按键的数字并能向对方机发送按键的数字。
2）能接收对方机发送的数字并显示。
3）发送数据用中断实现。
4）用串行口的全双工方式通信。
5）本任务先在PROTUES环境下仿真成功，再制作电路板实现双机通信。

二、设计方案

1）A、B两机的数据输入用两个4×3的矩阵式整体键盘。
2）用4个共阴极数码管作为A、B两机的输出显示，每个机用两个数码管，一个用于显示接收的数据，另一个用于显示本机键位的键值。

3）键盘的列线接到与门的输入端上，与门的输出端接到单片机的 P3.2（外部中断 0）脚上，只要有按键就会产生一个外部中断信号。

4）在 P3.3 脚上接一个发送数据按键，当该键按下时，就向对方发送数据。

5）P1 口的 P1.0～P1.2 三根线接键盘的列线，P1.3～P1.6 接键盘的四根行线。

● 想一想、议一议

用 12 个按键组成 4×3 的矩阵式键盘是否比用整体键盘容易实现？能实现多位发送吗？

任务 2-2　实现单片机双机通信的设计与仿真

1. 设计仿真电路图

在 PROTUES 环境下设计图 5-7 所示的仿真电路图。步骤如下：

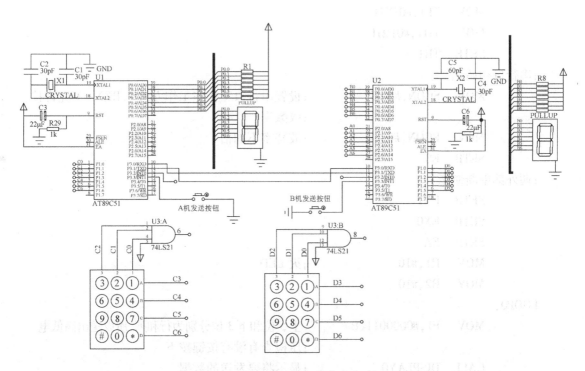

图 5-7　单片机双机通信仿真电路图

1）启动 PROTUES 仿真软件。

2）连接图 5-7 所示的仿真电路图。

3）保存仿真电路图文件，文件名为"单片机双机通信"。

2. 设计实现单片机双机通信的程序

1）启动 Keil 软件。

2）在 Keil 环境下编辑下面的程序：

158

```
;* * * * * * * * * * * * * * * * * * * * * * * * * * * * * * * *
;  单片机双机通信程序
;* * * * * * * * * * * * * * * * * * * * * * * * * * * * * * * *
          RG      0000H
          JMP     START
          ORG     0003H
          LJMP    KEYSCAN
          ORG     0013H
          LJMP    EINT1
          ORG     0023H
          LJMP    SERIAL
START:
;定时器初始化
          MOV     TMOD,#20H          ;设置定时器1工作在工作方式2
          MOV     TL1,#0F2H
          MOV     TH1,#0F2H
          SETB    TR1
;串行口初始化
          MOV     SCON,#50H          ;设置串行口工作在工作方式1,REN=1允许接
                                     ;收数据
          MOV     PCON,#0            ;波特率不加倍
          SETB    ES
;两外部中断使能
          SETB    EX1
          SETB    EX0
          SETB    EA
          MOV     R1,#10             ;灭LED
          MOV     R2,#10
LOOP0:
          MOV     P1,#00000111B      ;上5位和下3位分别为行和列,所以送出高低电
                                     ;压检查有没有按键按下
          CALL    DISPLAY0           ;显示将要发送的数据
          CALL    DISPLAY2           ;显示已收到的数据
          JMP     LOOP0
;* * * * * * * * * * * * * * * * * * * * * * * * * * * * * * * *
;显示程序
DISPLAY0:
          MOV     A,R1               ;将要发送的数据放在R1
          MOV     DPTR,#TABLE
```

```
        MOVC  A,@ A + DPTR
        MOV   P0,A
        RET
DISPLAY2:
        MOV   A,R2                    ;接收的数据放在 R2
        MOV   DPTR,#TABLE
        MOVC  A,@ A + DPTR
        MOV   P2,A
        RET
TABLE:
        DB    3FH,06H,5BH,4FH,66H     ;段码表
        DB    6DH,7DH,07H,7FH,6FH
        DB    00H


;* * * * * * * * * * * * * * * * * * * * * * * * * * * * * * * *
;键盘扫描程序
KEYSCAN:
        CALL  DELAY                   ;去抖动延时
;* * * * * * * * * * * * * * * * * * * * * * * * * * * * * * * *
;第一列的扫描
K10:    JB    P1.0,K20;
K11:    MOV   P1,#11110111B;
        JB    P1.0,K12;
        MOV   R1,#1;
K12:    MOV   P1,#11101111B
        JB    P1.0,K13
        MOV   R1,#4;
K13:    MOV   P1,#11011111B
        JB    P1.0,K14
        MOV   R1,#7;
K14:    MOV   P1,#10111111B
        JB    P1.0,KEND;
        MOV   R3,#10;
        JMP   KEND;
;* * * * * * * * * * * * * * * * * * * * * * * * * * * * * * * *
;第二列的扫描
K20:
        JB    P1.1,K30;
K21:    MOV   P1,#11110111B;
```

```
        JB      P1.1,K22;
        MOV     R1,#2;
K22:    MOV     P1,#11101111B
        JB      P1.1,K23
        MOV     R1,#5
K23:    MOV     P1,#11011111B
        JB      P1.1,K24
        MOV     R1,#8
K24:    MOV     P1,#10111111B
        JB      P1.1,KEND
        MOV     R1,#0
        JMP     KEND;
;* * * * * * * * * * * * * * * * * * * * * * * * * * * * * * * *
;第三列的扫描
K30:    JB      P1.2,KEND
K31:    MOV     P1,#11110111B
        JB      P1.2,K32
        MOV     R1,#3
K32:    MOV     P1,#11101111B
        JB      P1.2,K33
        MOV     R1,#6
K33:    MOV     P1,#11011111B
        JB      P1.2,K34
        MOV     R1,#9
K34:    MOV     P1,#10111111B
        JB      P1.2,KEND
        MOV     R3,#12                  ;是否按下#号
KEND:
        RETI


;发送指令的中断
EINT1:
        CLR     ES                      ;屏蔽因为发送完而产生的中断
        MOV     A,R1
        MOV     SBUF,A
        JNB     TI,$
        CLR     TI
```

```
            SETB    ES
            RETI
;串行口中断接收数据
SERIAL：
            CLR     RI
            MOV     A,SBUF
            MOV     R2,A
            RETI
DELAY：
            MOV     R4,#0FH
LOOP2：
            MOV     R5,#0FFH
LOOP4：
            DJNZ    R5,LOOP4
            DJNZ    R4,LOOP2
            RET
            END
```

3）建立可执行文件"sjtx. hex"。

3. 仿真操作

1）启动 PROTUES 仿真软件。

2）双击仿真电路图中的"CPU"将"sjtx. hex"文件装入。

3）单击界面左下方的运行按钮。

4）按键盘上任一键，观察本机上数码管的显示数字。

5）按"发送"按钮，观察对方数码管上显示的数字。

● 想一想、议一议

在程序中是如何将数据发送到对方机上的?

● 巩固提高

编写一个能显示多位数据的双机通信程序。

任务2-3 制作双机通信的输入/输出电路板

1. 设计电路图

在 PROTUES 环境下设计图 5-8 所示的单片机双机通信输入/输出仿真电路图。

2. 填表

根据所设计的电路图将所需的元器件填入表 5-6 中，并测试元器件。

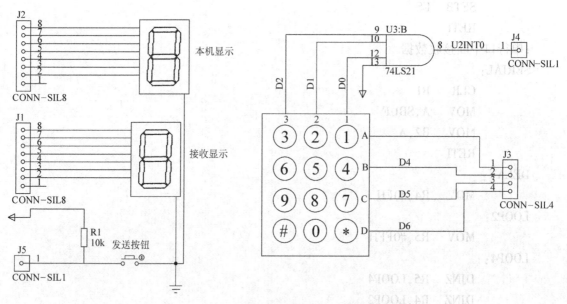

图 5-8　单片机双机通信输入/输出仿真电路图

表 5-6　元器件清单

序号	标　号	元器件名称	数量	单位

3. 工具

1）万用表 20 块（每小组 2 人一块）。

2）直流稳压电源 20 台。

3）芯片烧录器 20 个。

4）电烙铁 40 个、焊锡丝若干。

4. 制作工艺要求

1）根据图 5-7，设计电路布线图，要求合理、美观。

2）控制板 I/O 接线端口的位置要方便与主板接口电路连接。

3）焊点要均匀。

4）在设计电路板焊接图时要考虑尽量避免出现跨接线。

5）所有接地线都连接在一起，所有电源线也连接在一起。

6）焊接时，每一步都要按焊接工艺要求去做。

5. 画出制板焊接图

根据设计的原理图绘出制板焊接图，要求走线布局合理，尽量避免跨接线。

6. 安装元器件并焊接

选择设计中所需的元器件，并进行测试，筛去不合格的元器件。

7. 检测焊接好的电路板

将测试好的元器件按照绘制的制板焊接图，安装到万用板上并焊接。焊接时不要出现虚焊。

任务 2-4　烧录程序及软硬件联调

1. 烧录程序

将编制好的"sjtx. hex"文件烧录到 AT89S51 CPU 中。

2. 软硬件联调

1）将写好的 CPU 芯片装到主板的 CPU 插座上。

2）双机输入/输出电路控制板与主板按表 5-7 进行连接。

表 5-7　参考连线表

	主板	双机输入/输出电路控制板
连接 1	5V/GND	5V/GND
连接 2	P0. 0 ~ P0. 7	J1_1 ~ J1_8
连接 3	P1. 0 ~ P1. 7	J2_1 ~ J2_8
连接 4	P3. 2	J4
连接 5	P1. 3 ~ P1. 6	J3_1 ~ J3_4
连接 6	P3. 3	J5
连接 7	P1. 0 ~ P1. 2	J6_1 ~ J6_3

说明：按表 5-7 连接完成后，将两机的主板进行连接，A 机的 P3.1 连接 B 机的 P3.2，A 机的 P3.2 连接 B 机的 P3.1。双机通信电路连接图如图 5-9 所示。

3. 填写调试记录表

填写表 5-8 所示的调试记录表。

表 5-8　调试记录表

调试项目	调试结果	原因分析

● 想一想、议一议

如果改变连接，如何修改程序可实现相同功能？

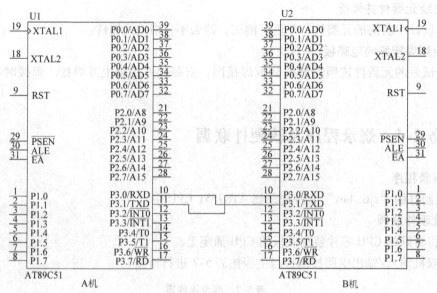

图 5-9 双机通信电路连接图

任务 2-5 写项目设计报告

项目 5 设计报告

姓名		班级	
项目名称:			
目 标:			
项目设计方案:			
测试步骤:			
项目设计及制作中遇到的问题及解决办法:			
产品功能说明书:			
设计经验总结:			

● 项目工作检验与评估

考核项目及分值	学生自评分	项目小组长评分	老师评分
现场 5S 工作（工作纪律、工具整理、现场清扫等）（10 分）			
设计方案（5 分）			
在 PROTUES 环境下设计原理图（10 分）（自己设计加 5 分）			
绘制焊接图，错一处扣 1 分（5 分）			
电路板制作（10 分）			
程序流程图设计，错、漏一处扣 3 分（10 分）			
在 Keil 环境下进行程序设计（20 分）			
烧录程序（5 分）			
上电测试，元器件焊错扣 2 分、一个虚焊点扣 1 分（15 分）			
设计报告（10 分）			
总分			

● 经验总结

1. 调试经验

1）当将键按下去没有显示时：

① 查看电源是否接好。

② 查看主板与通信电路控制板的连接线是否接好。

③ 电路控制板是否虚焊。

④ 数码管是否损坏。

2）数据在本机显示但不能发送到对方时：

① 查看发送键是否焊好。

② 按钮是否按对角焊接。

③ 与主板的连线是否接上。

3）如果电路没有问题，就查看 CUP 程序烧录是否有问题（可重新烧录一次）。

2. 焊接经验

1）键盘焊接时按钮要焊对角。

2）焊接时间应尽量短，焊点不能在引脚根部。焊接时应使用镊子夹住引脚根部以利于散热，宜用中性助焊剂（松香）或选用松香焊锡丝。

3）严禁用有机溶液浸泡或清洗。

● 巩固提高练习

一、理论题

1. 计算机并行口通信和串行口通信各有什么特点？

2. 串行口通信有哪几种工作方式？各有什么特点？

3. 波特率的具体含义是什么？为什么说串行口通信的双方波特率必须相同？

4. 试叙述利用 SM2 控制位进行多级通信的过程。

5. AT89C51 单片机的串行口设有几个控制寄存器？它们的作用是什么？

6. 要求串行口按以下波特率工作，试计算定时器/计数器 1 的时间常数，设晶振频率为 6MHz。

（1）波特率 =1200bit/s；（2）波特率 =9600bit/s。

7. 为什么定时器/计数器 1 用作串行口波特率发生器时，常采用工作方式 2？

8. 串行口的 4 种工作方式各有什么特点？

9. 填空：

（1）AT89C51 单片机计数器最大的计数值为（　　），此时工作在工作方式（　　）。

（2）当把定时器/计数器 0 定义为可自动重新装入初值的 8 位定时器/计数器时，（　　）为 8 位计数器，（　　）为常数寄存器。

（3）若系统晶振频率是 12MHz，利用定时器/计数器 1 定时 1ms，在工作方式 1 下，定时初值为（　　）。

10. 选择：

（1）下面（　　）仅适用于定时器/计数器 0。

A. 工作方式 0　　　　B. 工作方式 1　　　　C. 工作方式 2　　　　D. 工作方式 3

（2）若 AT89C51 单片机的晶振频率是 24MHz，则其内部定时器/计数器利用计数器对外部输入脉冲的最高计数频率是（　　）。

A. 1MHz　　　　B. 6MHz　　　　C. 12MHz　　　　D. 24MHz

二、设计题

假定甲乙机以工作方式 1 进行串行口通信，晶振频率为 12MHz，要求波特率为 1200bit/s。乙机发送，甲机接收。请画出电路图并写出初始化发送（查询）和接收（中断方式）程序。

相关知识 5

5-1　串行口通信

5-1-1　串行口通信的基础知识

串行口通信要解决两个关键技术问题：一个是数据传送，另一个是数据转换。所谓数据传送就是指数据以什么形式进行传送。所谓数据转换就是指单片机在接收数据时，如何把接收到的串行数据转换为并行数据，单片机在发送数据时，如何把并行数据转换为串行数据。

1. 数据传送

51 系列单片机的串行口通信使用的是异步串行口通信，所谓异步就是指发送端和接收端使用的不是同一个时钟。异步串行口通信通常以字符（或者字节）为单位组成字符帧传送。字符帧由发送端一帧一帧地传送，接收端通过传输线一帧一帧地接收。

字符帧由四部分组成，分别是起始位、数据位、奇偶校验位、停止位。字符帧格式如图 5-10 所示。

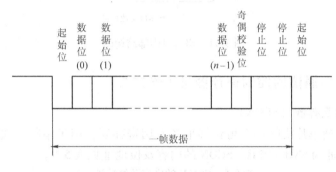

图 5-10　字符帧格式

1）起始位：位于字符帧的开头，只占一位，起始位为低电平时，表示发送端开始发送一帧数据。

2）数据位：紧跟起始位后，可取 5、6、7、8 位，低位在前，高位在后。

3）奇偶校验位：占一位，用于对字符传送作正确性检查，因此奇偶校验位是可选择的，共有三种可能，即奇偶校验、偶校验和无校验，由用户根据需要选定。

4）停止位：位于末尾，为逻辑"1"高电平，可取 1、1.5、2 位，表示一帧字符传送完毕。

2. 传送的速率

串行口通信的速率用波特率来表示，所谓波特率就是指每秒钟传送数据位的个数。每秒钟传送一个数据位就是 1 波特。1 波特 =1bit/s（位/秒）。

在串行口通信中，数据位的发送和接收分别由发送时钟脉冲和接收时钟脉冲进行定时控制。时钟频率高，则波特率高，通信速度就快；反之，时钟频率低，波特率就低，通信速度就慢。

3. 数据转换

单片机内串行口电路为用户提供了两个串行口缓冲寄存器（SBUF）：一个称为发送缓冲器，它的用途是接收单片机内部总线送来的数据，即发送缓冲器只能写不能读，发送缓冲器中的数据通过 TXD 引脚向外传送；另一个称为接收缓冲器，它的用途是向单片机内部总线发送数据，即接收缓冲器只能读不能写，接收缓冲器通过 RXD 引脚接收数据。因为这两个缓冲器一个只能写，一个只能读，所以共用一个地址 99H。串行口内部结构图如图 5-11 所示。

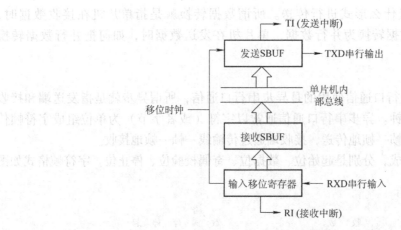

图 5-11　串行口内部结构图

5-1-2　串行口通信的控制寄存器与工作方式

1. 串行口控制寄存器（SCON）

SCON 是 51 系列单片机的一个可位寻址的专用寄存器，用于串行口通信的控制。单元地址为 98H，位地址为 98H ~ 9FH。SCON 的内容及位地址见表 5-9。

表 5-9　SCON 的内容及位地址

位地址	9FH	9EH	9DH	9CH	9BH	9AH	99H	98H
位符号	SM0	SM1	SM2	REN	TB8	RB8	TI	RI

各位的说明如下：

1）SM0、SM1——串行口工作方式选择位。SM0、SM1 的状态组合和对应工作方式见表 5-10。

表 5-10　SM0、SM1 的状态组合和对应工作方式

SM0	SM1	工作方式	SM0	SM1	工作方式
0	0	工作方式 0	1	0	工作方式 2
0	1	工作方式 1	1	1	工作方式 3

2）SM2——允许工作方式 2、3 的多机通信控制位。在工作方式 2 和 3 中，只有 SM2 = 1 且接收到的第 9 位数据（RB8）为 1，才能将接收到的前 8 位数据送入接收 SBUF 中，并置位 RI 产生中断请求；若 RB8 不为 1 则丢弃前 8 位数据。若 SM2 = 0，则不论第 9 位数据（RB8）为 1 还是为 0，都将前 8 位送入接收 SBUF 中，并产生中断请求。

工作方式 0 时，SM2 必须置 0。

3）REN——允许接收位。当 REN = 0 时，禁止接收数据；当 REN = 1 时，允许接收数据。

4）TB8——发送数据位 8。在工作方式 2、3 中，TB8 的内容是要发送的第 9 位数据，其值由用户通过软件来设置。

5）RB8——接收数据位 8。在工作方式 2、3 中，RB8 是接收的第 9 位数据。在工作方式 1 中，RB8 是接收的停止位。在工作方式 0 中，不使用 RB8。

6）*TI*——发送中断标志位。在工作方式0中，发送完第8位数据后，该位由硬件置位。在其他工作方式下，于发送停止位之前，该位由硬件置位。因此，*TI* = 1表示帧发送结束，其状态既可供软件查询使用，也可请求中断。*TI*由软件清零。

7）*RI*——接收中断标志位。在工作方式0中，接收完第8位数据后，该位由硬件置位。在其他工作方式下，于接收到停止位之前，该位由硬件置位。因此，*RI* = 1表示帧接收结束，其状态既可供软件查询使用，也可请求中断。*RI*由软件清零。

2. 电源控制寄存器（PCON）

PCON不可位寻址，字节地址为87H。它主要是为CHMOS型单片机的电源控制而设置的专用寄存器。PCON位符号见表5-11。

表5-11　PCON位符号

位序	D7	D6	D5	D4	D3	D2	D1	D0
位符号	*SMOD*	/	/	/	*GF1*	*GF0*	*PD*	*IDL*

与串行口通信有关的只有D7位（*SMOD*），该位为波特率倍增位，当*SMOD* = 1时，串行口波特率增加一倍；当*SMOD* = 0时，串行口波特率为设定值。当系统复位时，*SMOD* = 0。

3. 51系列单片机串行口通信工作方式

串行口的工作方式由*SM*0和*SM*1确定，其编码和功能见表5-12。

表5-12　单片机串行口通信工作方式的编码和功能

*SM*0	*SM*1	工作方式	功能说明	波特率
0	0	工作方式0	移位寄存器方式	$f_{osc}/12$
0	1	工作方式1	8位UART（通用异步接收/发送装置）	可变
1	0	工作方式2	9位UART	$f_{osc}/64$或者$f_{osc}/32$
1	1	工作方式3	9位UART	可变

工作方式0和工作方式2的波特率是固定的，而工作方式1和工作方式3的波特率是可变的，由T1的溢出率决定。

5-1-3　串行口工作方式

1. 串行口工作方式0

（1）数据输出（发送）当数据写入SBUF后，数据从RXD端在移位脉冲（TXD）的控制下，逐位移入74LS164，74LS164能完成数据的串并转换。当8位数据全部移出后，*TI*由硬件置位，发生中断请求。若CPU响应中断，则从0023H单元开始执行串行口中断服务程序，数据由74LS164并行输出。串行口工作方式0发送电路原理图如图5-12所示。

（2）数据输入（接收）要实现接收数据，必须首先把SCON中的允许接收位*REN*设置为1。当*REN*设置为1时，数据就在移位脉冲的控制下，从RXD端输入。当接收到第8位数据时，置位接收中断标志位*RI*，发生中断请求。串行口工作方式0接收电路原理图如图5-13所示。由逻辑图可知，通过外接74LS165，串行口能够实现数据的并行输入。

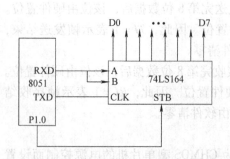
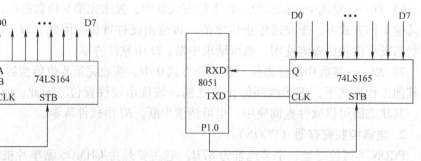

图5-12 串行口工作方式0发送电路原理图   图5-13 串行口工作方式0接收电路原理图

2. 串行口工作方式1

串行口工作方式1是10位为一帧的异步串行口通信方式，其帧格式为1个起始位、8个数据位和1个停止位，如图5-14所示。

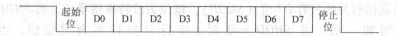

图5-14 串行口工作方式1的帧格式

（1）数据输出（发送） 数据写入SBUF后，开始发送，此时由硬件加入起始位和停止位，构成一帧数据，由TXD串行输出。输出一帧数据后，TXD保持在高电平状态下，并将 *TI* 置位，通知CPU可以进行下一个字符的发送。

（2）数据输入（接收） 当 *REN* =1且接收到起始位后，在移位脉冲的控制下，把接收到的数据移入接收缓冲寄存器（SBUF）中，停止位到来后，把停止位送入 *RB8* 中，并置位 *RI*，通知CPU接收到一个字符。

（3）波特率的设定 工作在工作方式1时，其波特率是可变的，波特率的计算公式为

$$波特率 = \frac{2^{SMOD}}{32} \times (定时器/计数器1的溢出率)$$

式中 *SMOD* 为PCON寄存器最高位的值，其值为1或0。

当定时器/计数器1作波特率发生器使用时，选用工作方式2（自动加载定时初值方式）。选择工作方式2可以避免通过程序反复装入定时初值所引起的定时误差，使波特率更加稳定。假定计数初值为 x，则计数溢出周期为

$$\frac{12}{f_{osc}} \times (256 - x)$$

溢出率为溢出周期的倒数。则波特率的计算公式为

$$波特率 = \frac{2^{SMOD}}{32} \times \frac{f_{osc}}{12 \times (256 - x)}$$

实际使用中，波特率是已知的。因此需要根据波特率的计算公式求计数初值 x。用户只需要把计数初值设置到定时器/计数器1，就能得到所要求的波特率。

3. 串行口工作方式2

串行口工作方式2是11位为一帧的异步串行口通信方式，其帧格式为1个起始位、9个数据位和1个停止位，如图5-15所示。

图 5-15　串行口工作方式 2 的帧格式

在工作方式 2 下，字符还是 8 个数据位，只不过增加了一个第 9 个数据位（D8），而且其功能由用户确定，是一个可编程位。

发送数据（D0 ～ D7）由 MOV 指令向 SBUF 写入，而 D8 位的内容则由硬件电路从 *TB*8 中直接送到发送移位器的第 9 位，并以此来启动串行发送。一个字符帧发送完毕后，将 *TI* 位置 "1"，其他过程与工作方式 1 相同。

工作方式 2 的接收过程也与工作方式 1 的基本类似，所不同的只是在第 9 数据位上，串行口把接收到的前 8 个数据位送入 SBUF，而把第 9 数据位送入 *RB*8。

工作方式 2 的波特率是固定的，而且有两种：一种是晶振频率的 1/32，另一种是晶振频率的 1/64，即 $f_{osc}/32$ 和 $f_{osc}/64$。如用公式表示，则为

$$波特率 = \frac{2^{SMOD}}{64} \times f_{osc}$$

由此公式可知，当 *SMOD* 为 0 时，波特率为 $f_{osc}/64$；当 *SMOD* 为 1 时，波特率为 $f_{osc}/32$。

4. 串行口工作方式 3

工作方式 3 同工作方式 2 几乎完全一样，只不过工作方式 3 的波特率是可变的，由用户来设定。工作方式 3 中波特率的设定方法同工作方式 1。

5-1-4　串行口常用波特率

双机通信时常用的波特率见表 5-13。

表 5-13　双机通信时常用的波特率

串行口 工作方式	波特率 /(bit/s)	主频 = 6MHz			主频 = 12MHz			主频 = 11.0592MHz		
		SMOD	*TMOD*	*TH*1	*SMOD*	*TMOD*	*TH*1	*SMOD*	*TMOD*	*TH*1
工作方式 0	1M	×	×	×						
工作方式 2	375k	1	×	×	1	×	×			
	187.5k				0	×	×			
工作方式 1 或 工作方式 3	62.5k				1	20	FFH			
	19.2k							1	20	FDH
	9.6k							0	20	FDH
	4.8k				1	20	F3H	0	20	FAH
	2.4k	1	20	F3H	0	20	F3H	0	20	F4H
	1.2k	1	20	E6H	0	20	E6H	0	20	E8H
	600	1	20	CCH	0	20	CCH	0	20	D0H
	300	0	20	CCH	0	20	98H	0	20	A0H
	137.5	1	20	1DH	0	20	1DH	0	20	2EH
	110	0	20	72H	0	10	FEEBH	0	10	FEFFH

5-2 串行口通信及其接口

5-2-1 串行口通信的数据通路形式

按数据的传送方向，串行口通信的数据通路形式可分为单工、双工、半双工 3 种。串行口通信的各种数据传输示意图如图 5-16 所示。

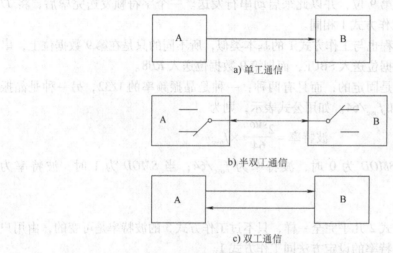

图 5-16 串行口通信的各种数据传输示意图

5-2-2 异步串行口通信接口标准

1. RS232C 简介

RS232C 是应用最早、最广泛的双机异步串行口通信接口标准，是美国电子工业协会的推荐标准，RS 是 Recommended Standard 的缩写。

标准规定了数据终端设备（DTE）和数据通信设备（DCE）之间串行口通信接口的物理（电平）、信号和机械连接标准。图 5-17 所示为两台计算机之间的通信示意图。

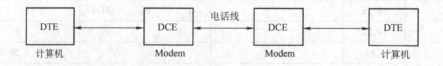

图 5-17 两台计算机之间的通信示意图

2. RS232C 的电气标准和机械连接

（1）电气标准

3 ~ 15V：逻辑 0。

−15 ~ −3V：逻辑 1。

（2）机械连接 机械连接有 TTL/CMOS – RS232 电平转换芯片：MAX232、MAX202 等。9 针、25 针 DB 连接器如图 5-18 所示。

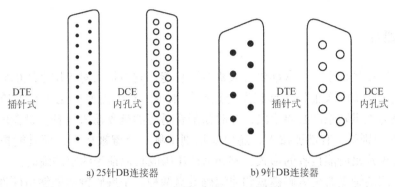

a) 25针DB连接器　　　　b) 9针DB连接器

图 5-18　9 针、25 针 DB 连接器

3. RS232C 接口信号定义

RS232C 接口信号定义见表 5-14。

表 5-14　RS232C 接口信号定义

引脚(9 针)	引脚(25 针)	信号	信号源	类型	描　　述
1	8	CD	DCE	控制	载波信号检测
2	3	RXD	DCE	数据	接收数据
3	2	TXD	DTE	数据	发送数据
4	20	DTR	DTE	控制	终端准备好
5	7	GND	—	—	信号地
6	6	DSR	DCE	控制	数据机准备好
7	4	RTS	DTE	控制	请求发送
8	5	CTS	DCE	控制	清除以便发送
9	22	RI	DCE	控制	振铃信号

4. 计算机间 RS232C 通信的常用连接方法

计算机间 RS232C 通信的常用连接方法有两种，如图 5-19 所示。

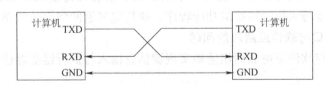

a) 无握手通信方式

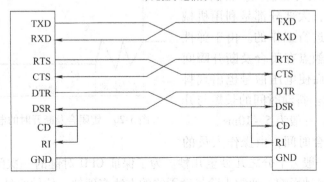

b) 全握手通信方式

图 5-19　计算机间 RS232C 通信的常用连接方法

5-3 键盘

在单片机应用系统中，通常都要有人机对话功能。它包括人对应用系统的状态干预、数据输入以及应用系统向人报告运行状态与运行结果等。对于需要人工干预的单片机应用系统，键盘就成为人机联系的必要手段，此时需配置适当的键盘输入设备。键盘电路的设计应使 CPU 不仅能识别是否有键被按下，还要能识别是哪一个键被按下，而且能把此键所代表的信息翻译成单片机所能接收的形式，例如 ASCII 码或其他预先约定的编码。

单片机常用的键盘有全编码键盘和非编码键盘两种。全编码键盘能够由硬件逻辑自动提供与被按键对应的编码。此外，全编码键盘还具有去抖动、多键和窜键保护电路，这种键盘使用方便，但需要专门的硬件电路，价格较贵，一般的单片机应用系统较少采用。非编码键盘分为独立式键盘和矩阵式键盘，硬件上此类键盘只简单地提供通、断两种状态，其他工作都靠软件来完成，由于其经济实用，目前在单片机应用系统中大多采用这种办法。本节着重介绍非编码键盘接口。

5-3-1 键盘工作原理

在单片机应用系统中，除了复位键有专门的复位电路以及专一的复位功能外，其他的按键都是以开关状态来设置控制功能或输入数据。因此，这些按键只是简单的电平输入。键信息输入是与软件功能密切相关的过程。对某些应用系统，例如智能仪表，键输入程序是整个应用程序的重要组成部分。

1. 键输入原理

键盘中每个按键都是一个常开的开关电路，当所设置的功能键或数字键按下时，则开关处于闭合状态，对于一组键或一个键盘，需要通过接口电路与单片机相连，以便把键的开关状态通知单片机。单片机可以采用查询或中断方式了解有无键输入并检查是哪一个键被按下，并通过转移指令转入执行该键的功能程序，执行完又返回到原始状态。

2. 键盘输入接口与软件应解决的问题

键盘输入接口与软件应可靠而快速地实现键信息输入与执行键功能任务。为此，应解决下列问题：

1) 键开关状态的可靠输入。目前，无论是按键还是键盘，大部分都是利用机械触点的合、断作用进行工作的。由于弹性作用的影响，机械触点在闭合及断开瞬间均有抖动过程，从而使电压信号也出现抖动，如图 5-20 所示。抖动时间的长短与开关的机械特性有关，一般为 5~10ms。

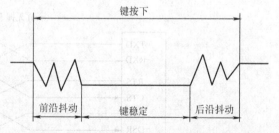

图 5-20　键闭合及断开时的电压信号的抖动

按键的稳定闭合时间，由操作人员的按键动作所确定，一般为十分之几秒至几秒。为了保证 CPU 对键的一次闭合仅作一次键输入处理，必须去除抖动影响。通常去除抖动影响的方法有硬件、软件两种。在硬件上采取的措施是：在键输出端加 RS 触发器或单稳态电路构成去抖动电路。在软件上采取的措施是：

在检测到有键按下时，执行一个10ms左右的延时程序，然后再确认该键电平是否仍保持闭合状态电平，若仍保持为闭合状态电平，则确认为该键处于闭合状态，否则认为是干扰信号，从而去除了抖动影响。为简化电路，通常采用软件方法。

2）对按键进行编码。可对给定键值进行编码或直接给出键号。任何一组按键或键盘都要通过I/O口线查询按键的开关状态。根据不同的键盘结构，采用不同的编码方法。但无论有无编码，以及采用什么编码，都要转换成为相对应的键值，以实现按键功能的处理。因此，一个完善的键盘控制程序应能完成下述任务：

① 监测有无键按下。

② 有键按下后，在无硬件去抖动电路时，应用软件延时方法去除抖动影响。

③ 有可靠的逻辑处理办法，只处理一个键，其间任何按下又松开的键不产生影响，不管一次按键持续多长时间，仅执行一次按键功能程序。

④ 输出确定的键号。

5-3-2 独立式按键

独立式按键是指直接用I/O口线构成的单个按键电路。每个独立式按键单独占有一根I/O口线，每根I/O口线的工作状态不会影响其他I/O口线的工作状态，这是一种最简单易懂的按键结构。

独立式按键电路如图5-21所示。

独立式按键电路配置灵活，硬件结构简单，但每个按键必须占用一根I/O口线，在按

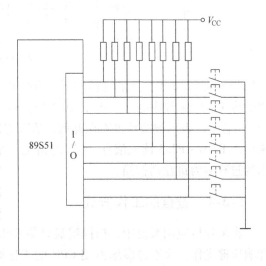

图5-21 独立式按键电路

键数量较多时，I/O口线浪费较大。故只在按键数量不多时采用这种按键电路。

5-3-3 行列式键盘

独立式按键电路的每一个按键开关占一根I/O口线，当按键数较多时，要占用较多的I/O口线。因此在按键数大于8时，通常多采用行列式（也称矩阵式）键盘电路。

图5-22所示是用89S51单片机扩展I/O口组成的行列式键盘电路。图中，行线P2.0～P2.3通过4个上拉电阻接V_{CC}，处于输入状态，列线P1.0～P1.7为输出状态。按键设置在行线、列线交点上，行线、列线分别连接到按键开关的两端。图5-22中右上角为每个按键的连接图。当键盘上没有键闭合时，行线、列线之间是断开的，所有行线P2.0～P2.3输入全部为高电平。当键盘上某个键被按下闭合时，则对应的行线和列线短路，行线输入即为列线输出。若此时初始化所有列线使其输出低电平，则通过读取行线输入值P2.0～P2.3的状态是否全为"1"，判断有无键按下。

但是键盘中究竟哪一个键被按下，并不能立刻判断出来，只能用列线逐列置低电平后，检查行输入状态的方法来确定。先令列线P1.0输出低电平"0"，P1.1～P1.7全部输出高电平"1"，读行线P2.0～P2.3输入电平。如果读得某行线为低电平"0"，则可确认对应于该

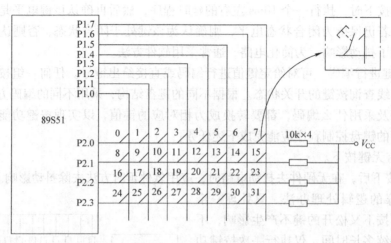

图 5-22　行列式键盘电路

行线与列线 P1.0 相交处的键被按下，否则 P1.0 列上无键按下。如果 P1.0 列线上无键按下，接着令 P1.1 输出低电平"0"，其余为高电平"1"，再读 P2.0～P2.3，判断其是否全为"1"，若是，表示被按键也不在此列，依次类推直至列线 P1.7。如果所有列线均判断完，仍未出现 P2.0～P2.3 读入值有"0"的情况，则表示此次并无键按下。这种逐列检查键盘状态的过程称为键盘列扫描。

5-3-4　键盘的工作方式

在单片机应用系统中，扫描键盘只是 CPU 的工作任务之一。在实际应用中要想做到既能响应键操作，又不过多地占用 CPU 的工作时间，就要根据应用系统中 CPU 的忙闲情况，选择适当的键盘工作方式。键盘的工作方式一般有循环扫描方式和中断扫描方式两种。下面分别进行介绍。

1. 循环扫描方式

循环扫描方式是利用 CPU 在完成其他工作的空余，调用键盘扫描子程序的方式。在执行键功能程序时，CPU 不再响应键输入要求。键盘扫描程序一般应具备下述几个功能来响应键输入。

1）判断键盘上有无键按下。其方法为 P1 口输出全扫描字"0"（低电平）时，读 P2 口状态，若 P2.0～P2.3 全为 1，则键盘无键按下，若不全为"1"，则有键按下。

2）去除键的抖动影响。其方法为在判断有键按下后，软件延时一段时间（一般为 10ms 左右）后，再判断键盘状态，如果仍为有键按下状态，则认为有一个确定的键被按下，否则以键抖动处理。

3）扫描键盘，得到按下键的键号。

图 5-22 为 4×8 的行列键盘，4 行（0 行～3 行）8 列（0 列～7 列），则

每个键的键值 = 该键所在行×列数 + 该键所在列

如：

0 行 5 列的键值为：$0×8+5=5$；

1 行 3 列的键值为：$1×8+3=11$；

2 行 4 列的键值为：$2 \times 8 + 4 = 20$。

2. 中断扫描方式

采用上述扫描键盘的工作方式，虽然也能响应键入的指令或数据，但是这种方式不管键盘上有无按键按下，CPU 总要定时扫描键盘，而应用系统在工作时，并不经常需要键输入，因此 CPU 经常处于空扫描状态。为了提高 CPU 的工作效率，可采用中断扫描工作方式。即只有在键盘有键按下时，发中断请求，CPU 响应中断请求后，转入中断服务程序，进行键盘扫描，识别键码。中断扫描方式键盘接口电路图如图 5-23 所示。

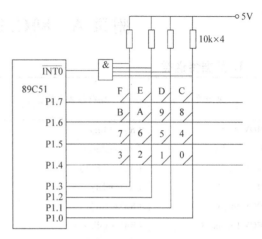

该键盘直接由 89S51 单片机的 P1 口的高、低字节构成 4×4 行列式键盘。键盘的列线与 P1 口的低 4 位相接，键盘的行线接到 P1 口的高 4 位。图 5-23 中的四输入端与门就是为中断扫描方式而设计的，其输入端分别与各列线相连，输出端接单片机外部中断输入 INT0。初始化时，使键盘行输出口全部置零。当有键按下时，INT0 端为低电平，向 CPU 发出中断申请，若 CPU 开放外部中断，则响应

图 5-23　中断扫描方式键盘接口电路图

中断请求，进入中断服务程序。在中断服务程序中执行前面讨论的扫描式键盘输入子程序。

附　录

附录 A　80C51 单片机指令表

1. 数据传送类

助记符	用符号表示的操作	标志				字节数	周期数	振荡周期
		P	OV	AC	CY			
MOV A,Rn	(A)←(Rn)	√	×	×	×	1	1	12
MOV A,direct	(A)←(direct)	√	×	×	×	2	1	12
MOV A,@Ri	(A)←((Ri))	√	×	×	×	1	1	12
MOV A,#data	(A)←#data	√	×	×	×	2	1	12
MOV Rn,A	(Rn)←(A)	×	×	×	×	1	1	12
MOV Rn,direct	(Rn)←(direct)	×	×	×	×	2	2	24
MOV Rn,#data	(Rn)←#data	×	×	×	×	2	1	12
MOV direct,A	(direct)←(A)	×	×	×	×	2	1	12
MOV direct,Rn	(direct)←(Rn)	×	×	×	×	2	2	24
MOV direct,direct	(direct)←(direct)	×	×	×	×	3	2	24
MOV direct,@Ri	(direct)←((Ri))	×	×	×	×	2	2	24
MOV direct,#data	(direct)←#data	×	×	×	×	3	2	24
MOV @Ri,A	((Ri))←(A)	×	×	×	×	1	1	12
MOV @Ri,direct	((Ri))←(direct)	×	×	×	×	2	2	24
MOV @Ri,#data	((Ri))←#data	×	×	×	×	2	1	12
MOV DPTR,#data16	(DPTR)←#data16	×	×	×	×	3	2	24
MOVC A,@A+DPTR	(A)←((A)+DPTR)	√	×	×	×	1	2	24
MOVC A,@A+PC	(A)←((A)+PC)	√	×	×	×	1	2	24
MOVX A,@Ri	(A)←((Ri))	√	×	×	×	1	2	24
MOVX A,@DPTR	(A)←((DPTR))	√	×	×	×	1	2	24
MOVX @Ri,A	((Ri))←(A)	×	×	×	×	1	2	24
MOVX @DPTR,A	(DPTR)←(A)	×	×	×	×	1	2	24
PUSH direct	(SP)←(SP)－1	×	×	×	×	2	2	24
	((SP))←(direct)							
POP direct	(direct)←(SP)	×	×	×	×	2	2	24
	(SP)←(SP)－1							
XCH A,Rn	(A)←→(Rn)	√	×	×	×	1	1	12
XCH A,direct	(A)←→(direct)	√	×	×	×	2	1	12
XCH A,@Ri	(A)←→((Ri))	√	×	×	×	1	1	12
XCHD A,@Ri	(A3-0)←→((Ri)3－0)	√	×	×	×	1	1	12

2. 算术运算类

助记符	用符号表示的操作	P	OV	AC	CY	字节数	周期数	振荡周期
ADD A,Rn	$(A)\leftarrow(A)+(Rn)$	√	√	√	√	1	1	12
ADD A,direct	$(A)\leftarrow(A)+(direct)$	√	√	√	√	2	1	12
ADD A,@Ri	$(A)\leftarrow(A)+((Ri))$	√	√	√	√	1	1	12
ADD A,#data	$(A)\leftarrow(A)+\#data$	√	√	√	√	2	1	12
ADDC A,Rn	$(A)\leftarrow(A)+(C)+(Rn)$	√	√	√	√	1	1	12
ADDC A,direct	$(A\leftarrow(A)+(C)+(direct)$	√	√	√	√	2	1	12
ADDC A,@Ri	$(A)\leftarrow(A)+(C)+((Ri))$	√	√	√	√	1	1	12
ADDC A,#data	$(A)\leftarrow(A)+(C)+\#data$	√	√	√	√	2	1	12
SUBB A,Rn	$(A)\leftarrow(A)-(C)-(Rn)$	√	√	√	√	1	1	12
SUBB A,direct	$(A)\leftarrow(A)-(C)-(direct)$	√	√	√	√	2	1	12
SUBB A,@Ri	$(A)\leftarrow(A)-(C)-((Ri))$	√	√	√	√	1	1	12
SUBB A,#data	$(A)\leftarrow(A)-(C)-\#data$	√	√	√	√	2	1	12
INC A	$(A)\leftarrow(A)+1$	√	×	×	×	1	1	12
INC Rn	$(Rn)\leftarrow(Rn)+1$	×	×	×	×	1	1	12
INC @Ri	$((Ri))\leftarrow((Ri))+1$	×	×	×	×	1	1	12
INC direct	$(direct)\leftarrow(direct)+1$	×	×	×	×	2	2	24
DEC A	$(A)\leftarrow(A)-1$	√	×	×	×	1	1	12
DEC Rn	$(Rn)\leftarrow(Rn)-1$	×	×	×	×	1	1	12
DEC @Ri	$((Ri))\leftarrow((Ri))-1$	×	×	×	×	1	1	12
DEC direct	$(direct)\leftarrow(direct)-1$	×	×	×	×	2	2	24
INC DPTR	$(DPTR)\leftarrow(DPTR)+1$	×	×	×	×	1	2	24
MUL AB	$(AB)\leftarrow(A)*(B)$	√	√	×	√	1	4	48
DIV AB	$(A)15-8,(B)\leftarrow(A)/(B)$	√	√	×	√	1	4	48
DA A	对A进行十进制调整	√	×	√	√	1	4	48

3. 逻辑运算类

助记符	用符号表示的操作	P	OV	AC	CY	字节数	周期数	振荡周期
ANL A,Rn	$(A)\leftarrow(A)\wedge(Rn)$	√	×	×	×	1	1	12
ANL A,direct	$(A)\leftarrow(A)\wedge(direct)$	√	×	×	×	2	1	12
ANL A,@Ri	$(A)\leftarrow(A)\wedge((Ri))$	√	×	×	×	1	1	12
ANL A,#data	$(A)\leftarrow(A)\wedge\#data$	√	×	×	×	2	1	12
ANL direct,A	$(direct)\leftarrow(direct)\wedge(A)$	×	×	×	×	1	1	12
ANL direct,#data	$(direct)\leftarrow(direct)\wedge\#data$	×	×	×	×	3	2	24
ORL A,Rn	$(A)\leftarrow(A)\vee(Rn)$	√	×	×	×	1	1	12
ORL A,direct	$(A)\leftarrow(A)\vee(direct)$	√	×	×	×	2	1	12
ORL A,@Ri	$(A)\leftarrow(A)\vee((Ri))$	√	×	×	×	1	1	12
ORL A,#data	$(A)\leftarrow(A)\vee\#data$	√	×	×	×	2	1	12
ORL direct,A	$(direct)<-(direct)\vee(A)$	×	×	×	×	2	1	12
ORL direct,#data	$(direct)<-(direct)\vee\#data$	×	×	×	×	3	2	24
XRL A,Rn	$(A)\leftarrow(A)\veebar(Rn)$	√	×	×	×	1	1	12
XRL A,direct	$(A)\leftarrow(A)\veebar(direct)$	√	×	×	×	2	1	12
XRL A,@Ri	$(A)\leftarrow(A)\veebar((Ri))$	√	×	×	×	1	1	12
XRL A,#data	$(A)\leftarrow(A)\veebar\#data$	√	×	×	×	2	1	12
XRL direct,A	$(direct)\leftarrow(direct)\veebar(A)$	×	×	×	×	3	2	24
XRL direct,#data	$(direct)\leftarrow(direct)\veebar\#data$	×	×	×	×	1	1	12
CLR A	$(A)\leftarrow0$	√	×	×	×	1	1	12
CPL A	$(A)\leftarrow(\overline{A})$	×	×	×	×	1	1	12
RL A	A循环左移一位	×	×	×	×	1	1	12
RLC A	A带进位循环左移一位	√	×	×	√	1	1	12
RR A	A循环右移一位	×	×	×	×	1	1	12
RRC A	A带进位循环右移一位	√	×	×	√	1	1	12
SWAP A	A7-4↔A3-0	×	×	×	×	1	1	12

4. 控制转移类 （1）

助记符	用符号表示的操作	标志 P	OV	AC	CY	字节数	周期数	振荡周期
ACALL addr11	$(PC)\leftarrow(PC)+2,(SP)\leftarrow(SP)+1$	×	×	×	×	2	2	24
	$(SP)\leftarrow(PC7\sim0)$							
	$(SP)\leftarrow(SP)+1$							
	$(SP)\leftarrow(PC15\sim8)$							
	$(PC10\sim0)\leftarrow$页地址 a10～a0							
LCALL addr16	$(PC)\leftarrow(PC)+3,(SP)\leftarrow(SP)+1$	×	×	×	×	2	2	24
	$(SP)\leftarrow(PC7\sim0)$							
	$(SP)\leftarrow(SP)+1$							
	$(SP)\leftarrow(PC15\sim8)$							
	$(PC)\leftarrow addr15\sim0$							
RET	$(PC15\sim8)\leftarrow((SP))$	×	×	×	×	1	2	24
	$(SP)\leftarrow(SP)-1$							
	$(PC7\sim0)\leftarrow((SP))$							
	$(SP)\leftarrow(SP)-1$							
RETI	$(PC15\sim8)\leftarrow((SP))$	×	×	×	×	1	2	24
	$(SP)\leftarrow(SP)-1$							
	$(PC7\sim0)\leftarrow((SP))$							
	$(SP)\leftarrow(SP)-1$							
AJMP addr11	$(PC)\leftarrow(PC)+2$	×	×	×	×	2	2	24
	$(PC10\sim0)\leftarrow$页地址 a10～a0							
LJMP addr16	$(PC)\leftarrow addr15\sim0$	×	×	×	×	3	2	24
SJMP rel	$(PC)\leftarrow(PC)+2$	×	×	×	√	2	2	24
	$(PC)\leftarrow(PC)+rel$							
JMP @ A+DPTR	$(PC)\leftarrow(A)+(DPTR)$	×	×	×	×	1	2	24
JZ rel	$(PC)\leftarrow(PC)+2$	×	×	×	×	2	2	24
	$(A)=0$ 则$(PC)\leftarrow(PC)+rel$							
JNZ rel	$(PC)\leftarrow(PC)+2$	×	×	×	×	2	2	24
	$(A)\neq0$ 则$(PC)\leftarrow(PC)+rel$							
CJNE A,direct,rel	$(PC)\leftarrow(PC)+3$	×	×	×	√	3	2	24
	$(A)\neq(direct)$							
	则$(PC)\leftarrow(PC)+rel$							
	$(A)<(direct)$							
	则$(C)\leftarrow1$ ELSE $(C)\leftarrow0$							
CJNE A,#data,rel	$(PC)\leftarrow(PC)+3$	×	×	×	√	3	2	24
	$(A)\neq data$							
	则$(PC)\leftarrow(PC)+rel$							
	$(A)<data$							
	则$(C)\leftarrow1$ ELSE $(C)\leftarrow0$							

5. 控制转移类（2）

助记符	用符号表示的操作	标志				字节数	周期数	振荡周期
		P	OV	AC	CY			
CJNE Rn,#data,rel	$(PC)\leftarrow(PC)+3$ $(Rn)\neq data$ 则$(PC)\leftarrow(PC)+rel$ $(Rn)<data$ 则$(C)\leftarrow1$ ELSE $(C)\leftarrow0$	×	×	×	√	3	2	24
CJNE @ Ri,#data,rel	$(PC)\leftarrow(PC)+3$ $((Ri))\neq data$ 则$(PC)\leftarrow(PC)+rel$ $((Ri))<data$ 则$(C)\leftarrow1$ ELSE $(C)\leftarrow0$	×	×	×	√	3	2	24
DJNZ Rn,rel	$(PC)\leftarrow(PC)+2$ $(Rn)\leftarrow(Rn)-1$ $(Rn)\neq0$ 则$(PC)\leftarrow(PC)+rel$	×	×	×	×	3	2	24
DJNZ direct,rel	$(PC)\leftarrow(PC)+2$ $(direct)\leftarrow(direct)-1$ IF$(direct)>0$ OR $(direct)<0$ THEN $(PC)\leftarrow(PC)+rel$	×	×	×	×	2	2	24
NOP	空操作$(PC)\leftarrow(PC)+1$	×	×	×	×	1	1	12
JC rel	$(PC)\leftarrow(PC)+2$ $(C)=1$ 则$(PC)\leftarrow(PC)+rel$	×	×	×	×	2	2	24
JNC rel	$(PC)\leftarrow(PC)+2$ $(C)=0$ 则$(PC)\leftarrow(PC)+rel$	×	×	×	×	2	2	24
JB bit,rel	$(PC)\leftarrow(PC)+3$ $(bit)=1$ 则$(PC)\leftarrow(PC)+rel$	×	×	×	×	3	2	24
JNB bit,rel	$(PC)\leftarrow(PC)+3$ $(bit)=0$ 则$(PC)\leftarrow(PC)+rel$	×	×	×	×	3	2	24
JBC bit,rel	$(PC)\leftarrow(PC)+3$ $(bit)=1$ 则$(PC)\leftarrow(PC)+rel$ $(bit)\leftarrow0$	×	×	×	×	3	2	24

6. 位操作类

助记符	用符号表示的操作	标志 P	OV	AC	CY	字节数	周期数	振荡周期
CLR C	$(C)\leftarrow 0$	×	×	×	√	1	1	12
CLR bit	$(bit)\leftarrow 0$	×	×	×	×	2	1	12
SETB C	$(C)\leftarrow 1$	×	×	×	√	1	1	12
SETB bit	$(bit)\leftarrow 1$	×	×	×	×	2	1	12
CPL C	$(C)\leftarrow(\overline{C})$	×	×	×	√	1	1	12
CPL BIT	$(bit)\leftarrow(\overline{bit})$	×	×	×	×	2	1	12
ANL C,bit	$(C)\leftarrow(C)\wedge(bit)$	×	×	×	√	2	2	24
ANL C,/bit	$(C)\leftarrow(C)\wedge(\overline{bit})$	×	×	×	√	2	2	24
ORL C,bit	$(C)\leftarrow(C)\vee(bit)$	×	×	×	√	2	2	24
ORL C,/bit	$(C)\leftarrow(C)\wedge(\overline{bit})$	×	×	×	√	2	2	24
MOV C,bit	$(C)\leftarrow(bit)$	×	×	×	√	2	2	24
MOV bit,C	$(bit)\leftarrow(C)$	×	×	×	×	2	2	24

附录 B　ASCII（美国标准信息交换码）表

ASCⅡ值	控制字符	ASCⅡ值	控制字符	ASCⅡ值	控制字符	ASCⅡ值	控制字符
0	NUL	32	（space）	64	@	96	`
1	SOH	33	!	65	A	97	a
2	STX	34	"	66	B	98	b
3	ETX	35	#	67	C	99	c
4	EOT	36	$	68	D	100	d
5	ENQ	37	%	69	E	101	e
6	ACK	38	&	70	F	102	f
7	BEL	39	,	71	G	103	g
8	BS	40	(	72	H	104	h
9	HT	41	)	73	I	105	i
10	LF	42	*	74	J	106	j
11	VT	43	+	75	K	107	k
12	FF	44	,	76	L	108	l
13	CR	45	−	77	M	109	m
14	SO	46	.	78	N	110	n
15	SI	47	/	79	O	111	o
16	DLE	48	0	80	P	112	p
17	DC1	49	1	81	Q	113	q
18	DC2	50	2	82	R	114	r
19	DC3	51	3	83	X	115	s
20	DC4	52	4	84	T	116	t
21	NAK	53	5	85	U	117	u
22	SYN	54	6	86	V	118	v
23	ETB	55	7	87	W	119	w
24	CAN	56	8	88	X	120	x
25	EM	57	9	89	Y	121	y
26	SUB	58	:	90	Z	122	z
27	ESC	59	;	91	[	123	
28	FS	60	<	92	/	124		
29	GS	61	=	93	]	125	}
30	RS	62	>	94	^	126	~
31	MS	63	?	95	−	127	DEL

注释：

NUL 空	VT 垂直制表	SYN 空转同步
SOH 标题开始	FF 走纸控制	ETB 信息组传送结束
STX 正文开始	CR 回车	CAN 作废
ETX 正文结束	SO 移位输出	EM 纸尽
EOT 传输结束	SI 移位输入	SUB 换置
ENQ 询问字符	DLE 空格	ESC 换码
ACK 承认	DC1 设备控制1	FS 文字分隔符
BEL 报	DC2 设备控制2	GS 组分隔符
BS 退一格	DC3 设备控制3	RS 记录分隔符
HT 横向列表	DC4 设备控制4	MS 单元分隔符
LF 换行	NAK 否定	DEL 删除

附录 C 各数制对照表

十	十六	二	二一十	十	十六	二	二一十
0	0	0000	0000	8	8	1000	1000
1	1	0001	0001	9	9	1001	1001
2	2	0010	0010	10	A	1010	00010000
3	3	0011	0011	11	B	1011	00010001
4	4	0100	0100	12	C	1100	00010010
5	5	0101	0101	13	D	1101	00010011
6	6	0110	0110	14	E	1110	00010100
7	7	0111	0111	15	F	1111	00010101

参 考 文 献

[1] 张迎新. 单片机初级教程—单片机基础 [M]. 2 版. 北京：北京航空航天大学出版社，2006.

[2] 周立功，等. 增强型 80C51 系列单片机速成与实战 [M]. 北京：北京航空航天大学出版社，2003.

[3] 张迎新，等. 单片机原理及应用 [M]. 2 版. 北京：电子工业出版社，2009.

[4] 张义和，陈敌北. 例说 8051 [M]. 北京：人民邮电出版社，2006.

[5] 周立功. 单片机实验与实践教程（三）[M]. 北京：北京航空航天大学出版社，2006.

[6] 袁启昌. 单片机原理及应用教程 [M]. 北京：科学出版社，2005.

[7] 冯建华，赵亮. 单片机应用系统设计与产品开发 [M]. 北京：人民邮电出版社，2004.

[8] 肖金球. 单片机原理与接口技术 [M]. 北京：清华大学出版社，2004.

[9] 辛友顺，胡永生，薛小铃. 单片机应用系统设计与实现 [M]. 福州：福建科学技术出版社，2005.

[10] 彭为，黄科，雷道仲. 单片机典型系统设计实例精讲 [M]. 北京：电子工业出版社，2006.